AF389300

TRAITÉ

DES

ROUES HYDRAULIQUES

ET DES ROUES A VENT.

IMPRIMERIE DE DEMONVILLE, rue Christine, n° 2.

TRAITÉ

DES

ROUES HYDRAULIQUES

ET

DES ROUES A VENT,

A LA PORTÉE DES PERSONNES QUI CONNAISSENT LES PREMIERS ÉLÉMENS DES MATHÉMATIQUES ;

Par L. M. P. COSTE,

CAPITAINE D'ARTILLERIE,

ET ANCIEN ÉLÈVE DE L'ÉCOLE POLYTECHNIQUE.

PARIS,

ANSELIN, SUCCESSEUR DE MAGIMEL,

LIBRAIRE POUR L'ART MILITAIRE, ET LES SCIENCES ET ARTS,

RUE DAUPHINE, N° 9.

1830.

PRÉFACE.

Nous prions nos lecteurs de nous excuser si nous n'avons pas été de l'avis de certaines personnes, et si nous avons pensé que, malgré les nombreux travaux qui existent sur les roues hydrauliques, il restait encore beaucoup de points à éclaircir, à traiter de nouveau, à rendre d'un abord plus simple, et plus facile à comprendre. Nous avons cherché à rassembler, dans un mince volume, tout ce que l'on peut dire sur les roues hydrauliques dans leurs différens modes d'agir, ou de les employer. Nous avons tâché de faire voir comment la même équation convenait au cas des roues à aubes mues dans un coursier, et au cas des roues à aubes mues dans un courant indéfini : ce dernier cas est celui des roues à aubes d'un bateau à vapeur. Les lecteurs qui ont déjà lu certains Traités publiés dans ces derniers temps pourraient en douter, mais nous les prions de lire avant que de se prononcer.

Les turbines et les ailes des moulins à vent se comportent comme des roues à aubes, et sont soumises aux mêmes équations; seulement il faut prendre la vitesse de la roue, non dans le sens de son mouvement, mais dans le sens du mouvement du fluide qui produit le mouvement. Nous avons complété nos recherches en terminant par les roues à pots et les roues de côté. Quelques personnes ayant appliqué récemment l'équation de Parent aux roues dans un courant indéfini, nous avons été forcé de montrer qu'elle ne convenait qu'au cas où une surface se meut en ligne droite en cédant à l'action d'un fluide, et nous avons été entraîné à parler des vaisseaux qui se meuvent par l'action des voiles; sujet qui se rattache d'ailleurs avec les bateaux à vapeur. Nous montrons que la vitesse qui donne le *maximum* de force au récepteur, et que la vitesse qui procure le *maximum* de force utilisée par le travail, ne sont pas les mêmes; nous l'avions déjà montré dans nos Études sur les

Machines; et **M. Navier**, dans un rapport à l'Académie des Sciences, était en erreur en attribuant la première idée de ce fait à **M. Coriolis.**

Nous avons été obligé de faire précéder notre Traité des Roues hydrauliques, de quelques remarques sur l'écoulement des fluides, et sur leur manière d'agir contre une surface qui se trouve exposée sur leur passage : nous prions nos lecteurs de n'être pas effrayés à la vue des formules algébriques qui se trouvent dans notre ouvrage; les premiers élémens d'algèbre et de géométrie, leur suffiront pour être en état de les suivre et de les comprendre parfaitement. Les personnes qui n'auront pas ces connaissances préliminaires pourront se passer de cette étude, et se contenter, pour leur usage, des remarques et des réflexions que nous faisons sur les résultats de chacune de ces opérations. Nous avons évité de faire usage des hauts calculs: nous mettre à la portée de tout le monde, et faire un ouvrage utile, a été le but constant que nous nous sommes proposé, et nous nous croirons payé de tous nos soins, si nous sommes assez heureux pour l'avoir rempli.

TRAITÉ

DES

ROUES HYDRAULIQUES

ET DES ROUES A VENT.

De l'écoulement de l'eau par des orifices.

Quand l'orifice est évasé de sorte que les filets, en sortant, ont des directions peu inclinées entre elles, il y a une analogie presque complète entre la loi des vitesses de l'eau sortante, par rapport aux charges, et la loi de la chute des corps graves dans le vide; et en se servant de cette dernière loi pour calculer la dépense de l'eau pendant un temps déterminé, la quantité trouvée serait plus forte que la réelle, tout au plus que de deux centièmes, d'après les expériences de Michelotti.

Mais quand l'orifice n'est pas évasé, il y a une différence assez considérable entre la dépense calculée par la chute des corps graves dans le vide, et la dépense effective; l'on a, avec assez de raison, attribué cette diminution, non à une diminution de la vitesse de l'eau, mais à un rétrécissement dans l'orifice, occasioné par les inclinaisons des directions des filets entre eux; et cette manière de considérer le phénomène lui a fait donner le nom de contraction. En effet, d'a-

I

près les observations de Daniel Bernouilli et de Bossut, il n'y a que le filet du fluide correspondant au centre de l'orifice qui conserve, en le franchissant, une direction parallèle au fil de l'eau; tous les autres ont des directions d'autant plus inclinées, qu'ils sont plus près du bord de l'orifice. Ils se rapprochent de plus en plus, jusqu'à une certaine distance après leur sortie; et, parvenus à cette distance, par l'effet de leur réaction mutuelle, ils deviennent tous à peu près parallèles. Cette distance, par rapport à la paroi, est égale au rayon de l'orifice.

Dans les Mémoires de l'Académie de Turin, année 1823, M. Georges Bidone dit, contre l'opinion de M. Navier : « Que, quoique l'on aperçoive quelque différence dans la valeur de la contraction lorsque la charge d'eau augmente, cette différence n'est pas assez sensible, ni assez connue dans sa marche, pour que l'on puisse en tenir compte dans le coefficient de la contraction, à mesure que la hauteur de la charge d'eau augmente. »

Dans le même Mémoire, M. Georges Bidone dit que, par la contraction :

Sur les quatre côtés, la dépense se trouve réduite à 0,6190

Sur les trois côtés et non sur l'inférieur 0,6789

Sur les deux côtés verticaux et non sur ceux horizontanx 0,6513

Sur deux côtés; savoir : le côté horizontal supérieur et le côté vertical 0,6613

Sur un côté seulement. 0,6943

On désigne ordinairement ces quantités par la dénomination du coefficient de la contraction.

La figure de l'orifice influe très-peu sur la dépense, cependant on ne peut pas nier que les orifices, qui ont moins de périmètre, à surface égale, ne donnent un peu plus de dépense que les autres ; mais on peut négliger dans la pratique ces légères augmentations. Les expériences de M. Hachette confirment cette constance de produits, pourvu que la figure de l'orifice ne présente pas d'angles rentrans.

Des observations sur le canal du midi, ont prouvé que, lorsque deux orifices voisins sont ouverts en même temps, chacun paraît faire une dépense un peu moindre que s'il était ouvert seul.

L'expérience prouve que, depuis un orifice d'un à deux centimètres, le rapport de la dépense effective à la dépense théorique augmente graduellement, à mesure que le diamètre de l'orifice diminue. M. Hachette a trouvé pour un orifice de 1 millimètre, que cette dépense variait entre 0,78 et 0,69, et il regarde ce dernier nombre comme le plus exact. Ainsi, dans les orifices de deux à trois centimètres, la dépense se fait comme si la charge était réduite aux deux tiers, et dans les pertuis de plus grande dimension, tels que ceux qui conviennent aux roues hydrauliques, la dépense se fait comme si la charge était réduite aux trois cinquièmes.

La seconde espèce de contraction est celle qui

a lieu quand l'eau sort d'un réservoir par un tuyau d'une longueur médiocre, comme de deux à trois fois son diamètre, et qu'elle sort à plein tuyau en suivant les parois intérieures. D'après les expériences de Bossut la dépense se trouve réduite à o,8053 quand la charge est d'un pied, et à o,8003 quand la charge est de quinze pieds ; mais Bossut avertissant que les dépenses des tuyaux additionnels sont un peu faibles en comparaison de celles des tuyaux additionnels, on peut prendre o,81.

Les expériences de Michelotti (*Sperimenti idraulici*) ont donné o,818 pour la valeur *maximum* quand le tuyau est deux fois et demi à quatre fois le diamètre du pertuis ; cette dépense diminue pour toute autre longueur, soit en dessus, soit en dessous. Il n'est pas facile d'expliquer pourquoi un tuyau additionnel de quelques pouces de longueur, oblige la veine fluide à suivre sa paroi et augmente la dépense de près d'un tiers. Cela tient sans doute à certains phénomènes inconnus jusqu'ici.

Borda a observé, Mémoires de l'Académie, année 1766, que l'eau passant par un tuyau additionnel, dont le bout pénètre dans le réservoir et est entouré d'eau de toute part, y éprouve plus de contraction que lorsque l'entrée du tuyau est dans le plan de la paroi du réservoir ou qu'elle est entourée d'un plateau; la dépense est réduite alors dans le rapport o,68124.

Borda a observé encore que si l'eau ne suivait pas

la paroi du même tuyau additionnel isolé , la contraction y serait encore plus grande que celle qui a lieu dans les orifices percés dans une mince paroi, et la dépense se trouverait réduite à 0,5136.

Quant aux canaux, si le fond de leur entrée est de niveau avec le fond du réservoir d'où ils tirent leur eau, il n'y a aucune contraction inférieure, et la contraction ne s'exerce que sur trois côtés.

D'après ce que nous avons déjà dit, si l'on représente par h, la hauteur du niveau de l'eau au-dessus du centre de l'orifice, et par g l'espace parcouru dans la première seconde de sa chute, par un corps tombant dans le vide, on aura pour représenter la vitesse v de l'eau sortant par un orifice très-petit

$$v = \sqrt{2\,g\,h}.$$

Pour trouver la vitesse moyenne de l'eau sortant d'un orifice plus grand qui serait rectangulaire et vertical, et aurait pour ouverture la droite BC (*fig.* 1), supposons que AC soit la hauteur du niveau de l'eau au-dessus de la base de l'orifice, et Bb la hauteur d'un orifice très-petit de même largeur que le grand orifice rectangulaire dont l'on veut connaître la dépense ; la vitesse de l'eau sortant par cet orifice élémentaire, d'après la loi précédente, sera proportionnelle à la racine carrée de AB ; et, en représentant cette vitesse par la droite BE on aura $\overline{BE}^2$ égale à B A multiplié par $2\,g$. Pour un autre orifice très-petit F, en désignant par G la vitesse de l'eau sortante , on aurait encore $\overline{FG}^2 = AF \times 2g$. De cette manière les vitesses des différens orifices élémentaires très-petits et de même largeur seront représentées par les ordonnées d'une parabole dont le grand axe sera vertical, et se confondra avec la surface-prolongée de l'orifice.

On peut donner à la démonstration précédente plus d'exactitude, en observant que la dépense d'un orifice très-petit d'une hauteur Bb, étant proportionnelle à la vitesse BE avec laquelle l'eau s'échappe, et à la hauteur Bb, on pourra prendre pour représenter la dépense de cet orifice très-petit, le petit rectangle Bb Ee ; pour un autre orifice d'une hauteur Cc, l'on pourra prendre pareillement le petit rectangle Cc Dd ; et comme on peut supposer que depuis le niveau A jusqu'à une profondeur quelconque F, on peut diviser la hauteur en petits orifices semblables ; la dépense, faite par un orifice qui règnerait depuis le niveau de l'eau jusqu'à la base CD de l'orifice, serait représentée par la somme de tous les petits rectangles : somme égale à la surface parabolique AFG. Comme dans notre démonstration rien ne limite la petitesse de l'orifice, on peut faire Bb assez petit, de manière que la différence entre l'ordonnée BE et celle be, soit plus petite que toute quantité assignable ; et alors la différence entre la somme des petits rectangles, et la surface réelle de la parabole sera aussi plus petite que toute quantité assignable. Dans cette seconde manière de présenter la même démonstration, on a l'avantage de considérer la surface de la parabole comme composée d'une somme de surfaces et non comme composée d'une somme de lignes droites, et l'on se conforme ainsi aux règles d'une saine logique.

La surface de l'espace parabolique compris entre les droites AB et BE qui se coupent à angle droit est égale aux deux tiers du rectangle construit sur les droites AB et BE.

Représentant AB par b, Ac par a, Bc par c, et la charge moyenne par x, la dépense d'un orifice d'une hauteur égale à AB, sera représentée par l'espace parabolique ABE ou par $\frac{2}{3}$ AB, BE, et deviendra $\frac{2}{3} b^{\frac{3}{2}}$ la dépense d'un orifice d'une hauteur égale à AC, sera pareillement $\frac{2}{3} a^{\frac{3}{2}}$. Or la dépense d'un orifice d'une hauteur égale à BC étant la différence des deux dépenses ci-dessus, l'on aura

$$\frac{2}{3}\left(a^{\frac{3}{2}} - b^{\frac{3}{2}} \right).$$

Mais cette dépense est encore représentée par la largeur de l'ouverture BC, multipliée par la vitesse moyenne de l'eau sortant par l'orifice BC ou par $c\sqrt{x}$, l'on aura enfin

$$c\sqrt{x} = \frac{2}{3}\left(a^{\frac{3}{2}} - b^{\frac{3}{2}} \right)$$

d'où

$$\sqrt{x} = \frac{2}{3}\left(\frac{a^{\frac{3}{2}} - b^{\frac{3}{2}}}{c} \right)$$

et par conséquent la vitesse moyenne sera égale à

$$\frac{2}{3}\sqrt{2\,g}\left(\frac{a^{\frac{3}{2}}-b^{\frac{3}{2}}}{c}\right),$$

désignant par l la largeur de l'orifice, et par k la charge moyenne, on aura

$$k=\frac{1}{2}\left(a+b\right),$$

et posant pour abréger, d'après M. Prony,

$$A=\frac{2}{3}\,\frac{k}{c}\left[\left(1+\frac{c}{2\,k}\right)^{\frac{3}{2}}-\left(1-\frac{c}{2\,k}\right)^{\frac{3}{2}}\right]$$

la dépense de l'orifice prendra la forme

$$A\,c\,l\sqrt{2\,g\,k}.$$

Comme le facteur A varie très-peu par rapport à la quantité $\frac{c}{2\,k}$, le calcul de cette formule sera très-simple au moyen de la table suivante, calculée par M. de Prony. (*Mémoire sur le jaugeage des eaux courantes.*)

$\dfrac{c}{2\,k}$	A.	Log. A.
0,0	1,00000	0,00000
0,1	0,99958	1,99982
0,2	0,99832	1,99927
0,3	0,99619	1,99834
0,4	0,99312	1,99700
0,5	0,98904	1,99521
0,6	0,98383	1,99292
0,7	0,97724	1,99000
0,8	0,96896	1,98631
0,9	0,95828	1,98149
1,0	0,94281	1,97442

Il faudra ensuite appliquer au résultat donné par la formule précédente, la correction par rapport à la contraction de la veine.

Pour faciliter encore le calcul de la formule précédente, nous donnons la table suivante des valeurs de v correspondantes à celles de $\sqrt{2gk}$.

Table des hauteurs correspondantes à différentes vitesses, les unes et les autres étant exprimées en mètres.

Vitesses.	Hauteurs.	Vitesses.	Hauteurs.	Vitesses.	Hauteurs.
0,1	0,00051	3,5	0,6244	6,8	2,3571
0,2	0,00204	3,6	0,6606	6,9	2,4269
0,3	0,00459	3,7	0,6978	7,0	2,4978
0,4	0,00816	3,8	0,7361	7,1	2,5696
0,5	0,0127	3,9	0,7753	7,2	2,6425
0,6	0,0184	4,0	0,8156	7,3	2,7164
0,7	0,0250	4,1	0,8569	7,4	2,7914
0,8	0,0326	4,2	0,8992	7,5	2,8673
0,9	0,0413	4,3	0,9425	7,6	2,9443
1,0	0,0510	4,4	0,9869	7,7	3,0223
1,1	0,0617	4,5	1,0322	7,8	3,1013
1,2	0,0734	4,6	1,0786	7,9	3,1813
1,3	0,0861	4,7	1,1260	8,0	3,2624
1,4	0,0999	4,8	1,1744	8,1	3,3445
1,5	0,1147	4,9	1,2239	8,2	3,4275
1,6	0,1305	5,0	1,2744	8,3	3,5116
1,7	0,1473	5,1	1,3258	8,4	3,5968
1,8	0,1651	5,2	1,3784	8,5	3,6829
1,9	0,1840	5,3	1,4319	8,6	3,7701
2,0	0,2039	5,4	1,4864	8,7	3,8583
2,1	0,2248	5,5	1,5420	8,8	3,9475
2,2	0,2467	5,6	1,5986	8,9	4,0377
2,3	0,2696	5,7	1,6562	9,0	4,1290
2,4	0,2936	5,8	1,7148	9,1	4,2212
2,5	0,3186	5,9	1,7744	9,2	4,3145
2,6	0,3446	6,0	1,8351	9,3	4,4088
2,7	0,3716	6,1	1,8968	9,4	4,5041
2,8	0,3996	6,2	1,9595	9,5	4,6005
2,9	0,4287	6,3	2,0232	9,6	4,6978
3,0	0,4588	6,4	2,0879	9,7	4,7962
3,1	0,4899	6,5	2,1537	9,8	4,8956
3,2	0,5220	6,6	2,2205	9,9	4,9960
3,3	0,5551	6,7	2,2883	10,0	5,0975
3,4	0,5893				

Quand les deux faces verticales de l'orifice dépassent le niveau supérieur de l'eau, il reçoit le nom particulier de *reversoir;* alors le niveau de l'eau au-dessus de l'orifice est un peu moindre que le niveau supérieur de l'eau dans le bassin. Et en prenant ce dernier niveau pour fixer la charge au-dessus de la base de l'orifice, on pourra représenter la dépense d'après ce que nous avons dit ci-dessus par la formule

$$Q = \tfrac{2}{3}\, a\,l\,m\,\sqrt{2g\,a.}$$

Q exprimant la dépense,

a la hauteur du niveau de l'eau dans le bassin au-dessus de la surface inférieure du reversoir,

l la largeur de l'orifice,

m une constante qui, d'après les expériences de Georges Bidone (*Acad. de Turin*, 1824), est égale environ à 0,402.

De la vitesse de l'eau.

La vitesse d'une rivière est plus grande dans le milieu que sur les bords et à quelques centimètres de la surface. Cette vitesse augmente jusque vers le milieu, et de là elle décroît jusqu'au fond. M. Prony estime, d'après les résultats d'un assez grand nombre d'expériences, que la vitesse moyenne d'une rivière est environ les quatre cinquièmes de la vitesse à la surface.

Mais comme nous ne nous occupons ici que des machines, la vitesse moyenne ne nous importe guère, et il suffit de pouvoir trouver la vitesse à la surface ou jusqu'à un demi-mètre de profondeur environ; ce qui simplifie beaucoup la question et nous permet d'approcher davantage de la valeur réelle de la vitesse de l'eau.

Pour connaître la vitesse à la surface :

On peut se servir d'un corps léger qu'on laisse entraîner par le courant, en se contentant de compter le temps qu'il emploie pour parvenir d'un point à un autre point, dont on a mesuré d'avance l'intervalle.

Cette évaluation serait exacte si le corps léger suivait le fil de l'eau sans déviation; mais il est rare que cela soit, et l'on ne peut compter que sur une mesuré approchée. Ces déviations sont ordinairement encore plus sensibles lorsque, voulant connaître la vitesse sur plusieurs points de la largeur de l'eau, on place le corps léger hors du fil de l'eau et vers le bord : la mesure alors est encore plus incertaine.

Pour connaître cette même vitesse à la surface, on se sert d'un moulinet très-léger : il est certain que ce moulinet tend à prendre toute la vitesse du courant, et s'il la prenait effectivement, on la déduirait avec précision du nombre de révolutions que le moulinet ferait dans un temps donné. Mais la résistance que l'air oppose au mouvement du moulinet, ralentit sa vitesse, et cette diminution croît comme le carré de la vitesse.

Pour peu que le moulinet plonge dans l'eau, sa vitesse à la circonférence sera plus grande que la vitesse de l'eau, et cette différence sera d'autant plus grande, que le moulinet plongera davantage. D'ailleurs, il n'est pas très-aisé de connaître la quantité dont il est immergé, et de mesurer au juste la différence de sa vitesse avec celle de l'eau.

Pour déterminer les rapports de vitesse de la surface de l'eau à différentes profondeurs, on a proposé un instrument appelé *quart de cercle hydraulique*. Il porte à son centre deux fils : l'un assez court pour ne pas plonger dans l'eau, et à l'extrémité duquel on a attaché un petit poids; il sert du fil à plomb; l'autre, plus long, soutient un poids dont la pesanteur spécifique est plus grande que celle de l'eau, et qui s'y enfonce plus ou moins, selon qu'on lâche plus où moins de fil. En recevant l'action du courant, ce corps s'écarte d'autant plus de la verticale que cette action est plus puissante; et comme on connaît le poids du corps, ainsi que la surface qu'il oppose au courant, on peut déterminer approximativement la vitesse de l'eau d'après la quantité dont le fil, qui porte ce corps, s'écarte de la ligne verticale indiquée par le fil à plomb.

Le fil qui soutient le corps submergé ne conserve pas toujours la même position : il est sujet à des oscillations qui l'éloignent ou l'approchent de la verticale, et qui jettent souvent beaucoup d'incertitude dans la mesure de l'angle qu'il fait avec la même ligne. C'est ce qui arrive quand la pesanteur spécifique du corps submergé diffère peu de celle du fluide : d'un autre côté, on ne peut pas beaucoup augmenter la différence de la pesanteur spécifique du corps avec le fluide pour ne pas trop affaiblir la sensibilité de l'instrument. D'ailleurs la variation de la force d'impulsion des fluides avec l'inclinaison, la grandeur et la forme des corps soumis à leur action, ne rendent les indications de cet instrument que trop incertaines et trop défectueuses.

L'instrument de Pitot, consiste en un tube de verre coudé au bas, à angle droit, ouvert aux deux extrémités et appliqué contre une planche divisée et servant d'échelle. On maintient fortement le bout de cette pièce de bois sur le fond de la rivière, ayant soin de tourner l'orifice du coude horizontal du tuyau contre le courant; l'eau s'élève dans la branche verticale d'une quantité proportionnelle à la vitesse de l'eau. Si celle-ci était en repos, elle ne se tiendrait pas dans le tube au niveau de la surface de la rivière, comme Pitot le croyait, mais à une hauteur déterminée par la capillarité; et ôtant cette petite hauteur de celle occasionée par la vitesse du courant , on aura une certaine hauteur qui pourra être regardée comme celle due à la vitesse.

Cet instrument est sujet à des mouvemens d'oscillations qui peuvent donner lieu à des erreurs assez graves. Il est difficile de le fixer solidement au fond de l'eau, surtout lorsqu'elle est un peu profonde. Dubuat a sensiblement amélioré cet instrument, en le faisant d'un simple tube de fer-blanc recourbé et d'un assez fort calibre pour y placer un flotteur, destiné à marquer la hauteur à laquelle l'eau s'élève. L'orifice exposé à l'action du courant est recouvert d'une plaque de métal percéc d'un petit orifice au centre, ce qui diminue beaucoup les oscillations de la colonne; mais il y a d'autres raisons qui rendent encore cet instrument fautif, et il est à désirer que l'on trouve un moyen sûr pour mesurer la vitesse de l'eau : chose très-importante.

Le meilleur moyen de connaître la vitesse du courant et la force dont il est capable, c'est, quand c'est praticable, d'arrêter complètement le cours d'eau, d'en recevoir la dépense pendant un temps que l'on observe et mesure avec soin, dans un bassin de capacité connue, ou dont l'on peut jauger avec soin la quantité reçue pendant l'opération; il faut aussi bien faire attention que le niveau de l'eau au-dessus du barrage soit à la fin de l'opération le même qu'au commencement, pour qu'il n'y ait pas, à la fin de cette opération, une accumulation d'eau ni plus forte, ni plus faible que celle qui existait avant. Par cette opération, qui est presque toujours praticable sur les petits cours d'eau, quoique dispendieuse, on connaîtra la quantité exacte d'eau que le cours d'eau peut fournir. Si le niveau de l'eau dans le cours d'eau peut varier, il faut répéter la même opération pour ces différens niveaux; et en observant ensuite les hauteurs du niveau de l'eau dans les différentes saisons de l'année, et même plusieurs années consécutives, on pourra connaître la force du cours d'eau que l'on possède, et sa valeur en numéraire.

Connaissant la quantité d'eau qu'un courant peut fournir dans un temps donné, il ne reste plus qu'à connaître la hauteur du niveau ou de niveau moyen de l'eau du courant au-dessus de la base des orifices ou du centre des orifices : ces orifices étant supposés pratiqués le plus près possible du sol qui sert de base au courant. On prend la vitesse due à cette hauteur de niveau, on la multiplie par le poids de la quantité d'eau fournie dans un temps déterminé, et l'on a la force ou la quantité de mouvement dont le courant est capable. Cette manière d'évaluer la force d'un courant est la plus ancienne, et diffère de celle suivie par quelques auteurs; mais elle est justifiée par de bonnes raisons que nous avons déjà produites, et que nous reproduirons encore plusieurs fois.

Une autre attention à avoir, c'est de faire la

largenr des orifices la plus grande possible, pour augmenter aussi, autant que possible, la hauteur du niveau de l'eau au-dessus du centre de l'orifice, avoir une plus grande vitesse moyenne et une moindre contraction.

De l'air.

La pesanteur spécifique de l'air a été déterminée dans ces derniers temps avec beaucoup d'exactitude. En prenant pour unité le poids de l'eau distillée à son maximum de densité (qui a lieu à peu près à 4 degrés au-dessus de la glace fondante), le poids de l'air sec à la température de la glace fondante est 0,0012979 lorsque la hauteur du mercure dans le baromètre est de 0,76 mètres; par conséquent, le mètre cube d'air pèse dans ces mêmes circonstances 1,2979 kilogr.

Le poids de l'air variant suivant le rapport inverse de la hauteur du mercure dans le baromètre, la dilatation de l'air pour tout autre degré de température sera $p\,(1 + 0,00375\,n)$, p désignant le rapport de l'accroissement de la hauteur du baromètre, et n le nombre de degrés centigrades du baromètre.

Quand l'air est parfaitement sec, à 12 degrés centigrades, on trouve que le mètre cube pèse 1,2595; et quand l'air est saturé de vapeur, il ne pèse plus que 1,2286.

Pour mesurer la vitesse du vent, l'on se sert

de corps légers que l'on abandonne dans l'air qui les soutient et les transporte à un lieu déterminé situé sur la direction du vent, où l'on place un second observateur, qui, au moyen d'une montre, fixe le temps de passage. Le temps écoulé entre le départ et le passage sert à fixer la vitesse du vent au moyen de la distance connue et mesurée d'avance des deux stations.

La théorie des moulins à vent pourrait aussi servir à déterminer cette vitesse, de même que celle de l'eau dans les différentes profondeurs; mais des expériences seraient nécessaires pour bien déterminer quelle serait la disposition du petit moulin qui remplirait le mieux cet objet. Nous tâcherons de l'entreprendre plus tard.

De l'impulsion d'un fluide contre une surface immobile.

Si un treuil sans frottement, armé d'une roue hydraulique, est employé à soulever un poids, sa vitesse sera d'autant moindre que le poids à soulever sera plus considérable. En donnant à ce poids une certaine valeur, il fera équilibre à l'impulsion de l'eau contre les palettes de la roue, et pourra par conséquent servir de mesure à cette impulsion : mais outre les différens produits résultant de la multiplication du poids dont l'arbre de la roue est chargé par la vitesse ou la hauteur verticale à laquelle il s'élève en un temps donné, produits susceptibles de varier à l'infini, il en existe un plus grand que tous les autres, lequel est l'expression du plus grand effet : c'est ce plus grand effet que l'on se propose d'obtenir en employant les machines hydrauliques; et les expériences auxquelles on les soumet ont pour but de le déterminer. On voit donc que, pour y parvenir, il faut connaître d'avance la valeur de l'impulsion d'un fluide contre une surface qui est exposée à cette impulsion.

Pour maintenir en équilibre un plan opposé directement à la direction d'un fluide, il est clair qu'il faudra contre-balancer la pression qu'il supporte par un contre-poids suffisant, d'autant plus considérable que la vitesse du fluide sera plus grande.

Newton paraît être le premier qui se soit occupé de la résistance des fluides; il supposait un fluide, comme composé de molécules isolées et séparées les unes des autres, conservant quelque temps un mouvement communiqué, sans éprouver aucune altération, ni exercer aucune action entr'elles. Dans cette hypothèse, il admettait que toutes les molécules frappent les corps qu'elles rencontrent, de la même manière que si elles étaient des corps isolés et libres. Pour que le choc se fît ainsi, il faudrait que chaque molécule, après avoir donné son coup, fût anéantie pour permettre à la molécule suivante de donner aussi le sien. De ce fluide qui n'existe pas malheureusement dans la nature, on a tiré la théorie suivante que l'on a regardée pendant long-temps comme suffisante :

1º Il faut le même effort pour mouvoir un corps dans un fluide avec une vitesse donnée, on pour le retenir immobile, si le fluide se meut avec la même vitesse ;

2º La résistance dépend de la figure de la partie antérieure déterminée par sa plus grande section, et la partie postérieure qui se trouve en arrière de cette plus grande section n'y contribue en rien. Ainsi un cylindre mu dans la direction de son axe éprouverait la même résistance que la base antérieure réduite à un simple plan ;

3º Une surface quelconque éprouve des résistances proportionnelles au carré des vitesses et à la densité des fluides ;

4º Les surfaces planes et directes éprouvent des résistances proportionnelles à leur étendue, et dont l'intensité peut se mesurer par le poids d'une colonne de même fluide qui aurait pour base la surface choquée, et pour hauteur le double de celle qui est due à la vitesse ;

5º Si des surfaces planes et égales se présentent à la direction du mouvement selon différentes inclinaisons, les vitesses qui en résulteront perpendiculairement à chacune d'elles étant proportionnelles aux sinus d'incidence, les résistances dans le même sens seront comme les carrés de ces sinus ;

6º En considérant les surfaces courbes comme

2*

une suite d'une infinité de plans différemment inclinés, on peut, par la loi précédente, comparer leur résistance avec celle de leur base supposée isolée. Ainsi, l'on trouve que la résistance d'une sphère n'est que la moitié de celle de son grand cercle;

7° Toutes choses égales d'ailleurs, la résistance des fluides incompressibles n'est que la moitié de celle des fluides parfaitement élastiques.

Par la chute des sphères, tant dans l'air que dans l'eau, Newton ayant vu que les résistances étaient différentes de celles déduites de sa théorie, il en fit une seconde qui cadrait avec l'intensité de la résistance de la sphère, mais qui était défectueuse en général, parce qu'elle ne faisait dépendre la résistance que de la plus grande section du corps prise perpendiculairement à la direction du mouvement, sans que la figure de la partie antérieure du corps y occasionât une variation bien sensible; aussi s'en est-on tenu à la première théorie.

Notre but n'étant pas ici de traiter de tous les cas qui se présentent dans la résistance des fluides, nous ne parlerons pas des recherches de Daniel Bernouilli, d'Alembert, d'Euler, pour perfectionner les principes et la théorie de Newton, ni des expériences qui détruisirent plusieurs règles importantes de cette théorie; nous nous bornerons à examiner la résistance qu'une surface plane oppose au mouvement du fluide, ou la résistance d'une surface en mouvement contre un fluide immobile.

Ces hypothèses présentent plusieurs cas différens, et la faute de n'y avoir pas eu égard n'a pas peu contribué à embrouiller une question déjà, par elle-même, très-difficile et très-compliquée.

Examen succinct de la nature des différens fluides.

L'examen des différentes propriétés que présentent les différens fluides est un sujet vaste et fécond qui, malgré les nombreuses recherches déjà faites, présentera encore long-temps un champ libre et ouvert aux méditations approfondies et aux vues ingénieuses des physiciens. Aussi notre objet dans cet article n'est pas de présenter à nos lecteurs un parallèle même incomplet des différentes propriétés des fluides, mais bien de leur rappeler certaines de leurs propriétés particulières qui peuvent éclairer la question si difficile de la résistance des fluides.

Suivant la définition de Newton, *un fluide est un corps dont les parties cèdent à une force impulsive quelconque, et se meuvent facilement entre elles en cédant à cette force.* Ainsi elle convient aussi bien à une masse de corps sphériques, tel que du plomb de chasse très-menu, ou à une masse de très-petits corps irréguliers, tel que du sable, ou à une masse en poudre, aussi bien qu'à un liquide ou à un corps aériforme. On ne doit pas aussi s'étonner, de voir commencer notre parallèle, par les différences que présentent une masse de sable ou d'un corps quelconque en poudre, et un liquide quelconque.

Si l'un et l'autre sont contenus dans un vase rectangulaire, et que l'on supprime l'une des faces, ils s'échapperont tous les deux par cette ouverture : le liquide, en se répandant complètement au dehors ; et le sable seulement partiellement, de manière que la partie restante dans le vase prendra une face inclinée à 45 degrés, que on est convenu d'appeler *talus*.

Le premier dans le vase prend naturellement son niveau, en conservant toujours son centre de gravité le plus bas possible ; le second, pour le faire, a besoin d'une force étrangère. Si l'on pratique au fond du vase une ouverture, les molécules du sable près de l'ouverture s'échapperont, parce qu'elles ne seront pas soutenues ; et il en résultera que, quoique remplacées successivement par d'autres, elles n'auront qu'une vitesse indépendante de la hauteur du sable dans le vase ; les molécules du liquide près de l'ouverture s'échapperont, non-seulement parce qu'elles ne seront pas soutenues, mais encore parce qu'elles seront pressées et poussées par les molécules supérieures et latérales. De plus, ces molécules réagiront les unes sur les autres par une force de cohésion particulière qui fait que les molécules inférieures entraînent les supérieures ; cohésion qui n'existe pas pour le sable.

Si l'on renferme dans un vase totalement fermé un liquide ou un fluide aériforme, le liquide n'occupera qu'une portion du vase, en prenant une face de niveau ; et le fluide aériforme se répandra également dans l'intérieur du vase, en prenant partout une densité uniforme.

Si, sur un liquide contenu dans un vase, on examine l'effet d'une grande pression, la diminution du volume occasionée, quoique reconnue par M. Perkins, sera si faible que l'on pourra la regarder, comme on l'a fait long-temps, comme nulle. Si l'on soumet un fluide aériforme à différentes pressions, son volume, suivant la loi de Mariotte, variera dans le même rapport que ces différentes pressions ; de manière qu'on peut supposer un liquide comme composé des molécules soumises à l'influence de deux forces, l'une attractive qui les empêche de s'écarter, et l'autre répulsive qui les empêche de se rapprocher. Dans un fluide aériforme, la force attractive ou de cohésion n'existe plus, mais elle est remplacée par la pression qui empêche la force répulsive du calorique d'agir indéfiniment.

Si, dans un vase rempli d'un de ces différens fluides, on pratique une ouverture dans le fond, le liquide s'échappera, en prenant une forme cylindrique ; quoiqu'un peu altérée par l'effet de la contraction, le fluide aériforme s'échappera de tous les côtés, à mesure qu'il s'éloignera du vase; et le sable divergera, mais beaucoup moins que ce dernier.

Raisonnement vicieux pour démontrer la loi de la résistance des fluides.

Si, pour démontrer la résistance des fluides, on se contente de dire, comme le fait Montucla, et comme on le fait quelquefois encore, que lorsqu'un fluide agit sur un corps en repos, le choc de chaque molécule de fluide contre le corps est proportionnel à la vitesse; et que, comme dans le même temps, il y a un nombre de molécules de fluides agissant contre le corps, d'autant plus considérable, que le fluide a plus de vitesse; il s'ensuit que la pression que ce corps éprouve de la part du fluide est proportionnelle au carré de la vitesse; l'on ne fait pas un raisonnement exact, parce que la résistance du fluide ne provient pas de la force consommée par ce fluide pendant un certain temps, mais bien de la pression occasionée à chaque instant par le fluide, pression qui est indépendante de la longueur du temps pendant lequel elle agit.

De la résistance du sable contre une surface immobile.

Si l'on admettait le raisonnement généralement reçu, que la résistance d'un fluide, sur un corps en repos, est proportionnelle à sa vitesse et au nombre de ses molécules qui agissent dans le même temps ; il s'ensuivrait que du sable, qui s'échapperait par une ouverture et qui agirait contre une surface, produirait aussi, comme les autres fluides, un effet proportionnel au carré de la vitesse ; ce qui serait bien loin de la vérité, comme nous allons le faire voir.

Quand un corps sphérique vient choquer une surface, son effet est égal à son poids multiplié par sa vitesse ; si après que la première molécule vient de cesser d'agir, elle est remplacée par une seconde molécule, et celle-ci par une autre, etc., la pression exercée continuellement par une pareille suite de molécules qui agissent contre un corps, sans discontinuité, ne sera pas proportionnelle au nombre de molécules qui agissent dans le même temps, multiplié par leur vitesse ; mais bien elle sera proportionnelle au nombre de molécules qui agissent simultanément, multiplié par leur vitesse ; et si, dans tous les cas, le nombre des molécules est constant, la résistance, soufferte par le corps immobile, sera proportionnelle à la simple vitesse.

De la résistance d'un liquide ou d'un fluide aériforme contre une surface.

Nous avons déjà vu qu'un liquide devait être considéré comme soumis à l'action de deux forces, l'une attractive, la cohésion, et l'autre répulsive, le calorique. Cette dernière pourrait être remplacée par de petits ressorts placés entre les différentes molécules. Lorsqu'un liquide a acquis une vitesse uniforme, pour qu'une molécule quelconque soit poussée par la molécule précédente et pousse à son tour la suivante, il faut que les petits ressorts placés entre les molécules soient comprimés avec une force égale à celle de chacune de ses molécules, et par conséquent avec une force proportionnelle à leur vitesse. Or, lorsqu'une molécule quelconque agit contre une surface, le choc de cette molécule se fait d'abord en raison de la vitesse, et ensuite elle agit encore comme la la vitesse, à cause de la réaction des autres molécules précédentes, par l'intermédiaire des petits ressorts; de manière qu'en définitive l'action d'un liquide contre une surface croît comme le carré de la vitesse.

Cette démonstration convient aussi au cas d'un fluide aériforme, parce que le calorique peut y être aussi supposé remplacé par de petits ressorts.

De la mesure de la résistance d'un liquide contre une surface plane.

Quand un liquide agit contre une surface plane, la résistance que cette dernière éprouve est bien proportionnelle au carré de la vitesse; mais il nous reste à voir quelle est son intensité absolue : question qui a été agitée long-temps, et qui n'est pas encore complètement résolue.

Représentant par S la surface, et par V, la vitesse, l'effort que la surface éprouve est proportionnelle à SV^2; mais comme la vitesse, qu'imprimerait la pesanteur, pendant le même temps, à la colonne fluide qui produit cette pression, n'entre pour rien dans l'effet de cette pression, et en est tout-à-fait indépendante, il faut la supprimer; de sorte qu'en définitive, la compression éprouvée par le plan n'est qu'égale à

$$\frac{SV^2}{2g}$$

g étant le coefficient de la gravité.

Ou, en désignant par H la hauteur d'où un corps doit tomber dans le vide, pour acquérir la vitesse V, l'expression ci-dessus prendra la forme

$$SH,$$

Et sous cette forme, on voit que cette expression ne désigne pas autre chose que le poids d'une colonne de liquide immobile, ayant pour base la surface S, et pour hauteur, la hauteur H, due à la vitesse V. Et c'est à quoi l'on devait s'attendre, par le principe de continuité, et en faisant bien attention de ne pas confondre une force de pression avec une force de choc (1). Cette expres-

---

(1) **Cette** distinction de la force du choc et de la force de pression, telle que nous la faisons ici, est très-importante, et l'on trouve beaucoup de Traités où elle est négligée, ce qui peut occasioner de graves erreurs chez les praticiens. Nous n'en citerons qu'un exemple, que nous prendrons dans

sion ne désigne absolument qu'une force de pression soufferte par la surface S ; pour avoir la force du choc ou du mouvement, il faut la multiplier par la vitesse u que possède le plan, et qui devient égale à V, quand la vitesse du plan devient identique avec celle du fluide ; mais alors l'expression

$$SHV$$

a lieu comme si le plan n'existait pas, et exprime la force dont jouit la colonne liquide. Ainsi une colonne liquide en mouvement ne diffère d'une colonne liquide en repos, que parce qu'il faut multiplier le poids de son volume par la vitesse dont elle est animée. Ce qui est identique avec ce qui a lieu pour les corps solides, et ce qui aurait dû suffire pour terminer la fameuse discussion des forces vives et des forces mortes, qui dura nombre d'années, jusqu'à ce que Laplace coupât le nœud

---

l'Architecture hydraulique de Bélidor, édition de **M.** Navier. page 322.

Lorsque les bases des colonnes sont égales, les chocs seront entre eux dans la raison des carrés des vitesses de l'eau, ou comme les hauteurs des chutes capables des mêmes vitesses.

Il suit que le poids qui exprimera la poussée de l'eau contre une surface, en exprimera aussi le choc.

Dans ces deux articles, on voit que Bélidor confond la résistance éprouvée par la surface immobile, qui est comme le carré de la vitesse, et la force de cette même surface se mouvant avec la vitesse du liquide, ou la force de la colonne liquide qui croît comme le cube de la vitesse.

de la discussion en remarquant : que , par le principe du mouvement commun à plusieurs corps ayant des mouvemens particuliers, on ne pouvait admettre d'autre mesure de la force , que celle du poids multiplié par la vitesse.

Il faut faire attention que , pour avoir la résistance ou la pression de la colonne liquide , il faut encore la multiplier par la densité D , c'est-à-dire la rapporter au poids d'un mètre cube ou d'un pied cube en mesures connues , et les expressions précédentes deviendront

$$\frac{SV^2}{2g} D \quad \text{et} \quad \frac{SV^3}{2g} D$$

ou

$$SHD \quad \text{et} \quad SHVD.$$

S'il s'agit de l'eau , et que l'on prenne pour unité le mètre , on peut prendre pour D l'unité , en se rappelant que le mètre cube d'eau pèse mille kilogrammes , quand l'on fait abstraction des différentes températures de l'eau et de leurs différens degrés de pureté ; comme l'on peut se le permettre dans les usines, où l'on ne tient pas à une si grande exactitude.

Remarque sur la mesure de la résistance d'un liquide contre une surface plane.

L'on est depuis long-temps en discussion pour savoir quelle est la mesure absolue de la résistance des fluides. Newton , ce grand génie que l'on retrouve toujours dans la plupart des recherches, avait distingué deux cas, celui où les fluides sont incompressibles, et celui où les-fluides sont compressibles et parfaitement élastiques; il mesurait, dans les deux cas, la résistance par le poids d'une colonne de même fluide, qui aurait pour base cette surface; mais dans le premier, il ne prenait que la simple hauteur due à la vitesse, et dans le second, le double de cette hauteur due à la vitesse.

Comment se fait-il que cette distinction que nous avons reconnue très-exacte, ait été méconnue par la suite, et même de son auteur? C'est une de ses aberrations qui arrive journellement, qui sont très-explicables, et ne doit être attribuée qu'aux expériences faites beaucoup trop en petit.

Cette faute n'est que trop commune, et nous ne croyons pas que nos lecteurs trouvent mauvais que nous cherchions à leur prouver notre assertion.

Ainsi l'on sait depuis long-temps que telle machine exécutée en petit, ayant une résistance suffisante, ne pourrait subsister, et serait forcée de s'écrouler, si on l'exécutait en grand dans des proportions semblables, d'après les règles des figures semblables; parce que, suivant la remarque de Galilée, les solides semblables présentent, à leur rupture, une résistance en raison inverse de leurs côtés homologues.

Dans les expériences, il y a toujours certaines causes accidentelles, dont on ne peut jamais les débarrasser tout-à-fait, et qui deviennent presque insensibles dans les expériences en grand, mais qui ont une très-grande influence dans les expériences en petit, de manière à en altérer complètement les résultats, et à faire adopter des lois quelquefois contraires à celles qui existent réellement.

Parmi les différentes causes qui occasionent de graves inconvéniens, l'on peut remarquer celles qui dépendent des diamètres ou des périmètres de certains corps. Ainsi, tel corps qui naturellement tendrait à tomber, pourra avoir telle figure et telle petitesse qui, dans de certaines circonstances, le force à s'élever, et à paraître contredire les lois générales; et c'est même des causes de ce genre qui contribuent à altérer les phénomènes dans la question qui nous occupe. Mais passons aux faits, parce que dans ces sortes de questions ce sont les meilleurs raisonnemens.

M. le chevalier Morosi, en se servant d'un disque qui pouvait avoir un diamètre un peu plus grand qu'un pouce, trouva que ce disque, quand il était armé d'un rebord de six lignes, présentait une résistance double de celle de ce même disque sans rebord.

M. Christian ayant éprouvé la résistance d'une surface d'un décimètre carré, a trouvé qu'elle présentait une résistance qui pouvait être représentée par 1,3, quand elle était armée d'un rebord de 6 lignes; et seulement une résistance de 1,15, quand le disque n'avait pas de rebords; ce qui faisait, dans le premier cas, un accroissement d'un huitième plus grand que dans le second.

M. Poncelet, capitaine de génie, dit avoir fait deux expériences sur le moulin à pilon de la poudrerie de Metz, qui constatent que pour les roues à aubes verticales, et ayant peu de jeu dans le coursier, l'augmentation d'effets due aux rebords ne s'élève pas au quinzième de l'effet total.

De ces différentes observations, nous pouvons conclure que l'effet des rebords diminue à mesure que les surfaces sont plus grandes, et qu'ils n'ont d'autre effet que d'augmenter l'effort que le fluide qui se trouve sur le pourtour de la surface doit faire pour s'échapper et pour abandonner la surface. Cette explication se trouve confirmée, en observant que les expériences des auteurs ci-dessus ont prouvé que cet accroissement de force diminuait dans le même rapport que la suppression d'une partie du rebord. Ainsi, d'après ses expériences en petit, le chevalier Morosy s'était trop pressé de conclure que par l'addition des petits rebords on doublait l'effet des roues à aubes.

Bossut voyant que les auteurs, tout en exprimant la résistance d'un fluide par le poids d'une colonne de ce même fluide ayant pour base l'orifice ou la surface choquée, les uns prenaient pour hauteur, la simple hauteur due à la vitesse, et les autres le double de cette hauteur ; Borda, disons-nous, voulant sortir d'incertitude, prit des tuyaux de 10 lignes et de 6 lignes de diamètre, et un réservoir de 2 pieds de haut (*Hydrodim.*, deuxième partie, chapitre 9), et mesura immédiatement l'effort d'une veine fluide sortant par les tuyaux additionnels, et tombant sur une plaque plus large que la veine, fixée au bras d'une balance et retenue horizontalement en équilibre par des poids opposés. Ces expériences lui ayant donné à peu près 1,6, de la hauteur, il en conclut que la hauteur de la colonne du fluide composant la résistance est un peu moindre que le double de celle due à la vitesse.

C'est encore ici un de ces inconvéniens des expériences en petit, et dont on pourra se rendre compte en le comparant à celui qui a lieu pour le disque à rebord ; et pour l'expliquer, il faut faire attention que l'eau, après avoir agi, n'abandonne pas la surface tout à coup, qu'elle se répand sur cette surface, où, par sa masse et son volume, elle empêche la dispersion de celle qui agit, et augmente son action tout comme le ferait un rebord à la manière du chevalier de Morosi.

Lorsque la plaque, au lieu d'être à un pouce de l'orifice, le touchait immédiatement, la résistance n'était guère que moitié de la précédente ; l'eau ne pouvait alors s'étendre contre la plaque, et les directions des filets n'étaient pas aussi parallèles qu'ils le devenaient après être parvenus à un pouce de distance, parce que les filets n'avaient pas eu le temps de réagir les uns sur les autres et de se réunir.

On rapporte des expériences de Mariotte faites en exposant une planche d'un demi-pied carré à un courant ayant une vitesse de 3,25 pieds par seconde, et à un courant n'ayant qu'une vitesse de 1,25 pieds ; pour la maintenir verticale, il n'a fallu à la première qu'un poids de 3,75 livres ; et à la seconde un poids de 9 onces. Ces expériences donnent les résistances comme les 1,245 et les 1,28 pieds de la simple hauteur due à la vitesse.

Bouguer, dans son *Traité de Navire*, donne pour la résistance d'un pied carré exposé à l'eau de mer, une donnée qui revient à 1,252 de la hauteur ; et dans son ouvrage *sur la Manœuvre des Vaisseaux*, il donne une autre évaluation qui revient 1,034 de la hauteur.

Enfin, Bossut, d'Alembert et Condorcet firent des expériences sur un bassin de 100 pieds de longueur, de 53 pieds de largeur et de 6 pieds et demi de profondeur, et employèrent un bateau ayant la forme d'un parallélipipède rectangle, une coupe transversale composée d'un carré de 19 pouc. 8 lig. de côté, et une longueur de 6 pieds 1 pouce. Au moyen d'un cordon qui passait sur une poulie placée à l'extrémité d'un mât de 70 pieds de hauteur, on faisait parcourir au bateau toute la longueur du bassin ; et lorsque dans les derniers

20 pieds de la course du bateau, le mouvement pouvait être censé devenu uniforme, le poids, qui avait occasioné ce mouvement, diminué du poids nécessaire pour vaincre les frottemens des poulies, de la corde et des parois latérales du bateau, exprimait la résistance de la surface opposée au mouvement du bateau.

Bossut n'a observé le frottement que dans le cas d'équilibre, et pour en tenir compte dans le cas du mouvement, conformément à notre théorie, faute de renseignemens suffisans, nous avons multiplié le poids désigné par Bossut pour surmonter le frottement dans le cas d'équilibre par la vitesse du bateau, et nous avons retranché le produit résultant du poids moteur total; de cette manière, les résistances se sont trouvées à peu près identiques pour les différentes vitesses essayées, ce qui n'arrivait pas auparavant, et ce qui aurait pu faire imaginer que les résistances croissaient dans un plus grand rapport que les carrés des vitesses; les vitesses éprouvées ont été de 1 à 4 pieds par seconde. Le bateau ayant été enfoncé de 7 pouces 10 lignes, de 12 pouces 5 lignes et demie, et de 15 pouces 10 lignes; l'on a trouvé, pour un pied de vitesse, les résistances moyennes 1,220 livres, 1,794 livres et 2,297 livres; qui donnent, pour une flottaison d'un pied, les résistances particulières 1,869, 1,728, 1,741, et la résistance moyenne 1,789; à cause que le premier résultat est déjà la moyenne de onze résultats particuliers, le second résultat de seize, et le troisième de huit (1). La largeur du bateau étant de 19 pouces 8 lignes, la moyenne précédente donne la quantité 1,0916 pour la résistance d'un pied carré. La hauteur né-cessaire pour produire la vitesse d'un pied par se-conde étant de 0,016559; et à 10 degrés Réau-mur, le poids d'un pied cube d'eau étant de 69,889 livres; par la théorie précédente, la résistance au-rait dû être de 1,1564, au lieu qu'elle n'a été que de 1,0916 : la différence est donc 0,0648, qui pro-duit une erreur dans le rapport de 0,058. Il est possible que cette erreur provienne des erreurs iné-vitables de l'observation, ou de ce que les quanti-tés, que nous avons soustraites des poids moteurs, pour tenir compte des frottemens, sont trop con-sidérables : mais il est plus probable que cela vient de la différence qui existe ; entre une surface qui est opposée à un courant, en restant dans la plus parfaite immobilité, suivant l'hypothèse, base de la théorie; et une surface qui en s'écar-tant, tantôt un peu à droite, tantôt un peu à gauche, peut diminuer un peu la résistance qu'elle éprouve. On pourrait croire encore que la figure de l'arrière du bateau n'est pas tout-à-fait étran-gère à cette diminution de la résistance; mais pour connaître au juste quelle est la véritable explication de ce phénomène, il faudrait des ex-

---

(1) La méthode de prendre les moyennes se trouve expo-sée dans nos *Recherches balistiques*.

périences plus nombreuses, plus variées plus exactes, et de plus que la théorie des fluides fût plus avancée qu'elle n'est.

En résumant, on voit par les premières expériences de Bossut, par les expériences de Mariotte par celles de Bossut, d'Alembert et Condorcet, que la résistance diminue à mesure que les surfaces augmentent de grandeur, et que pour les très-petites surfaces, cette quantité pouvant s'approcher d'être égale à la double hauteur, finit par n'être environ qu'égale à la simple hauteur pour les grandes surfaces.

Voici donc encore un exemple qui montre avec quelle méfiance on doit éviter de conclure du petit au grand, et imiter un auteur qui, non content de confondre les expériences faites en petit avec celles faites en grand, compare encore les expériences faites sur l'air avec celles faites sur l'eau, et arrive à cette conclusion, *que la résistance d'un plan mince est due à la hauteur 1,46 environ, quand la racine carrée de la surface approche de 10 centimètres; et qu'elle augmente ensuite avec cette surface, de manière à être due à la hauteur 1,96 environ, quand cette racine carrée est 82 centimètres;* et qu'il ne prévoit pas même de limite à cet accroissement : conclusion qui pour l'eau est contraire aux faits et aux raisonnemens, comme nous venons de le faire voir.

Quoique nous nous élevions contre les conclu-

sions des expériences en petit, parce que l'on ne
doit pas conclure du particulier au général, nous
ne prétendons pas pourtant les bannir des sciences,
nous les croyons au contraire très-utiles à leurs progrès, en présentant les phénomènes sous certaines
faces qui permettent de les étudier mieux et même
plus complètement; d'ailleurs, l'avantage d'être
beaucoup moins dispendieuses rend les expériences en petit un échelon toujours utile et nécessaire, par lequel l'on doit passer avant que de se
livrer à des expériences plus décisives ; si l'on
veut arriver le plus promptement et le plus éco-
nomiquement possible au but, celui d'avoir des
expériences les mieux faites et les plus con-
cluantes.

De la résistance des fluides élastiques.

Nous avons déjà vu que la résistance d'un fluide
élastique contre une surface plane, croissait
comme le carré de la vitesse ; il ne nous reste plus
qu'à examiner quelle est l'intensité absolue de cette
résistance.

Les fluides élastiques n'ayant pas la même
constitution que les liquides ou les fluides incompressibles, ne présentent pas, dans leur mouvement et leur action contre une surface, les mêmes
phénomènes que ces derniers.

Si, à partir de la surface, on suppose le fluide
divisé parallèlement à cette surface en tranches

égales très-petites, comme un fluide élastique se comprime en raison directe des poids dont il est chargé; la première tranche, celle qui se trouve immédiatement près de cette surface, sera comprimée en même raison que la vitesse dont le fluide est animé, et de la manière que si la compression provenait d'une colonne de fluide ayant une hauteur égale à celle due à la vitesse. Les autres tranches du fluide, qui se trouvent placées en avant de cette première tranche, doivent être de moins en moins comprimées, jusqu'à une certaine distance où la compression doit cesser entièrement, c'est-à-dire, où le fluide ne doit plus avoir que la densité de tout le fluide environnant. Ainsi la surface est la base d'un atmosphère aussi immobile qu'elle, et dont la densité diminue de plus en plus depuis cette base jusqu'à son sommet, où la densité est la même que celle du fluide environnant. Si le fluide de la base de cette atmosphère pouvait s'échapper, il acquerrait une vitesse proportionnelle à sa pression; et cela indépendamment du mouvement du fluide ou de la surface; et même en supposant ces mêmes mouvemens anéantis. Puisqu'il en serait de même des autres parties de cette atmosphère, elle jouit donc, par rapport à la surface, des mêmes propriétés qu'une colonne d'eau immobile par rapport à la surface qui la supporte; et par conséquent la pression qu'elle occasione est égale à celle d'une colonne du fluide ayant cette surface pour base, et pour hauteur la hauteur due à la vitesse du fluide ; car nous avons déjà remarqué que la tranche de l'atmosphère qui touche immédiatement la surface éprouvait une compression proportionnelle à la vitesse, c'est-à-dire, proportionnelle à la résistance éprouvée par le fluide supposé incompressible.

Mais, outre cette résistance, assimilée à la résistance soufferte par une surface de la part d'un liquide en repos, la surface exposée à un fluide élastique éprouve une autre résistance semblable à celle qu'elle recevrait d'un fluide incompressible ayant la même densité et la même vitesse que le fluide élastique avant d'avoir éprouvé aucune résistance de sa part. Cette dernière devra être assimilée à un courant liquide ayant une vitesse uniforme.

En conservant les mêmes notations (pages 27, 29) d'après ce que nous avons vu précédemment, chacun de ces effets produira un effort égal à

$$S H D$$

ou une force égale à

$$S H V D,$$

et l'effort total sera représenté par

$$2 S H D$$

ou

$$\frac{S V^2 D}{g}$$

et la force totale par

$$2 S H V D$$

ou par

$$\frac{S\,V^3\,D}{g}.$$

L'on voit ici l'exactitude de la distinction que la première théorie de Newton avait faite entre les fluides élastiques et les fluides incompressibles; et c'est aussi la théorie qui a été la plus suivie.

De l'influence de la grandeur des surfaces sur la résistance des fluides élastiques.

Les parties du fluide situées vers le centre de la surface et en avant de cette surface, sont bien comprimées en raison de la vitesse; mais il n'en est pas de même des parties du fluide placées près du bord de cette même surface, qui, étant moins comprimées du côté extérieur que du côté intérieur, s'échappent en dehors et restent moins denses que celles vers le centre. Ainsi à une certaine distance du centre avant d'arriver aux bords, la densité du fluide diminue de plus en plus jusqu'aux bords, où elle pourrait être égale à la densité primitive du fluide; et l'on voit pourquoi, dans les fluides élastiques, au contraire des fluides incompressibles, la résistance augmente avec les surfaces; mais l'on voit aussi pourquoi cet accroissement ne peut avoir lieu que jusqu'à une certaine limite. Pour les très-petites surfaces, cette résistance pourrait être égale à la simple hauteur due à la vitesse; et, pour les grandes surfaces, elle pourrait être très-près d'être identique avec le double de la hauteur due à la vitesse.

Remarques sur les phénomènes qui ont lieu lorsqu'une surface et un fluide se rencontrent dans leurs mouvemens.

Nous avons parlé ci-dessus d'une atmosphère qui se forme près de la surface, lorsqu'elle se trouve opposée au mouvement du fluide, ou lorsque son mouvement se trouve gêné par la résistance d'un fluide immobile. On pourrait croire que nous admettons près de la surface l'existence d'une portion de fluide permanent qui n'est pas plus mobile qu'elle, et qui l'accompagne dans tous ses mouvemens, et que les particules de cette atmosphère restent toujours les mêmes, comme le suppose Lagrange dans un mémoire de l'Académie de Turin, où il se propose de démontrer que la résistance d'une surface indéfinie contre un fluide, est égale à la double hauteur due à la vitesse. Dubuat, dans ses *Principes hydrauliques,* admet aussi qu'en avant et en arrière d'un corps soumis à l'influence d'un fluide, il se forme une proue et une poupe fluide qui se meuvent avec lui et l'accompagnent dans tous ses mouvemens sans jamais changer. Michelotti a prouvé par des expériences, dans les Mémoires de l'Académie de Turin, que l'idée de Lagrange était peu fondée. D'ailleurs, il suffit pour cela du simple raisonnement, et de remarquer que, près du corps, la densité étant plus grande que le fluide environnant, le fluide tend à se mouvoir du centre vers les bords pour se porter vers les parties où il est le moins comprimé, afin de rétablir l'équilibre. Il s'établit ainsi un mouvement continuel de fluide, du centre vers les bords, et dans toutes les directions; ces différens courans, dans un sens transversal au mouvement général du système, sont refoulés par ce mouvement général et forcés de se mouvoir le long du corps pour remplir en grande partie le vide laissé par le corps vers son arrière. Ainsi, tout en admettant comme Lagrange et Dubuat l'existence d'une atmosphère, nous différons totalement de leur opinion, en supposant que chacune des particules de cette atmosphère se renouvellent sans cesse et sont remplacées par d'autres molécules qui viennent occuper les mêmes places, de manière que quand l'un des deux, ou la surface, ou le fluide, a un mouvement par rapport à l'autre, il se trouve toujours, par rapport à la surface, un même nombre de molécules occupant les mêmes positions; ainsi, à cause du renouvellement continuel de ces molécules, on pourrait supposer la surface et le fluide comme immobiles.

Robins et Euler après lui, prétendaient que lorsque le corps possède une vitesse plus grande que celle avec laquelle l'air se précipite dans le vide, vitesse qui est d'environ 5oo mètres par seconde, il se formait un vide derrière le corps, et que la résistance devenait tout à coup triple de ce qu'elle était précédemment. Les expériences faites à Wolwich, par Hutton, ont bien démontré le peu de fondement de cette hypothèse; la raison en est toute simple et naturelle, et provient de ce que l'atmosphère, qui se forme en avant du corps, se renouvelle sans cesse, et tend continuellement à se précipiter vers son arrière, avec une vitesse bien plus grande que celle que possède le mouvement général du système; de manière que le vide ne peut jamais se former en arrière. Si l'on suppose que, lorsque la vitesse du corps varie, les différentes parties de l'atmosphère, mobile qui environnent le corps, conservent une figure semblable (et cette hypothèse est assez vraisemblable; car l'on ne voit rien qui puisse occasioner aucune différence); alors l'on sera forcé d'admettre que, quelle que soit la vitesse, la résistance est toujours proportionnelle au carré de cette vitesse. Si l'on cite contre cette opinion, les expériences faites en Angleterre par Hutton, qui ont prouvé que la résistance croît dans un plus grand rapport que le carré de la vitesse, nous leur opposerons les expériences de Bezout, et les autres expériences balistiques, qui, au moyen des courbes calculées par points d'après la méthode d'Euler, nous ont donné un résultat conforme à la théorie. De plus, nous remarquerons que le pendule balistique est sujet à discussion, parce que l'on suppose que tous les corps frappent dans l'axe, et que l'on ne tient pas compte du mouvement de torsion.

La manière dont Dubuat a voulu mesurer la résistance qu'une surface éprouve dans ses différentes parties, au moyen d'une boîte percée de plusieurs trous, et portant à sa partie supérieure un tube à la manière du tube de Pitot, n'est pas des plus exactes ; car le fluide en se portant du centre vers les bords, agit sur le liquide de la boîte et l'attire, et altère la véritable hauteur due à la vitesse.

Expériences faites avec des surfaces mobiles contre de l'air immobile.

Etant assez difficile de faire des expériences sur la résistance des surfaces exposées à l'action du vent, l'on a pensé avec raison que l'on pouvait se contenter de faire agir des surfaces en mouvement contre de l'air immobile, et que cette substitution n'apporterait aucune différence dans les résultats, pourvu que l'on n'introduisît aucune autre circonstance variable.

Mariotte trouva qu'une surface d'un pied carré avec une vitesse de 12 pieds par seconde, éprouvait une résistance de 0,3656, la théorie donnerait 0,4108 ; rapport, 1,123, suivant Borda. (*Mémoires de l'Académie des sciences*, année 1763.)

Une surface carrée de 9 pouces de côté avec une vitesse de 10,66 pieds par seconde, éprouve une résistance de 0,1547 livres ; et la théorie indique 0,18316 ; rapport, 1,184.

Une surface carrée de 6 pouces de côté, avec une vitesse de 16,68 pieds par seconde, a une résistance de 0,1549 livres; la théorie donne 0,1984; rapport 1,281.

Avec une surface de 4 pouces de côté et une vitesse de 24,47 pieds par seconde, l'on trouve une résistance de 0,1472 au lieu de 0,218 indiquée par la théorie; rapport, 1,484.

D'après le même académicien, la résistance des surfaces ayant 6 pouces de côté est à celles n'ayant que 3 pouces, comme 4,75 à un; et par conséquent la résistance des surfaces de 3 pouces avec une vitesse de 10,66 pieds par seconde serait 0,0311; et l'on trouverait que cette résistance serait à celle indiquée par la théorie dans le rapport 1,521.

Pour calculer les résistances ci-dessus, on a supposé qu'à 10 degrés du thermomètre de Réaumur le pied cube d'eau pèse 69,889 livres, et que la pesanteur spécifique de l'air est à celle de l'eau dans le rapport de 0,00123233; ce qui donne pour le poids d'un pied cube d'air 0,086128 livres.

Application de la théorie à ces expériences.

D'après ce que nous avons vu précédemment, la partie centrale d'une surface un peu grande éprouve une résistance égale à la double hauteur, tandis que la résistance vers les bords peut n'être qu'égale à la simple hauteur. Ainsi, quoiqu'il y ait une foule de degrés intermédiaires entre la résistance absolue de la partie centrale et celle qui a lieu sur les bords ; vu l'ignorance où nous sommes sur la loi de ce décroissement, nous n'admettrons, pour faciliter les calculs, que 2 degrés, et nous nous bornerons à celui de la double hauteur et à celui de la simple hauteur ; nous supposerons, en outre, que la bande du pourtour, celle de la simple hauteur, a, pour toutes les surfaces, une largeur constante. Les expériences ci-dessus nous ont donné pour la largeur de cette bande 0,75 pouces ; et voici comment l'on peut procéder pour parvenir à obtenir les rapports de résistances données ci-dessus :

Prenant la surface de 9 pouces de côté, si l'on ôte de cette surface les largeurs des deux bandes opposées, ou 1,5 pouces, il restera pour le côté de la surface centrale 7,5 pouces, ou 5,625 pouces carrés, qui, retranchés de 81 pouces carrés, grandeur de la surface mise en expérience, laissent pour la surface de pourtour 24,75 pouces. Or, la moitié de cette surface de pourtour, plus 56,25 pouces carrés, surface centrale, donnent 68,625 pouces carrés, la résistance réelle sera à la résistance dans l'hypothèse d'une colonne ayant une hauteur double de celle due à la vitesse du fluide, comme 68,625 est à 81, ce qui donne le rapport 1,1803. En continuant de même, on trouvera les rapports contenus dans le tableau suivant :

Surface ayant un côté de	Rapports trouvés.	Rapports calculés.
12° pouces.	1,123	1,1239
9	1,184	1,1803
6	1,281	1,2800
4	1,484	1,4382
3	1,521	1,6000

L'on voit par ce tableau qu'il n'y a que la surface de 3 pouces de côté qui diffère le plus, et qu'en général, la règle ci-dessus satisfait aux expériences, ainsi qu'aux raisonnemens. Quand on voudra calculer les résistances réelles d'une surface, après avoir calculé la résistance dans l'hypothèse où la hauteur de la colonne du fluide est égale au double de la hauteur due à la vitesse, on la divisera par les rapports analogues à ceux ci-dessus. S'il s'agit de calculer les résistances dans l'hypothèse des nouvelles mesures; au lieu de faire la largeur de la surface de pourtour égale à 0,75 pouces, on la fera égale à 2 centimètres.

De l'impulsion d'un fluide contre une surface plane inclinée.

La résistance d'une surface exposée obliquement à un courant présente de nombreuses difficultés qui proviennent, soit de la manière dont on doit considérer la direction de la force, soit de la manière dont la surface est disposée pour recevoir l'action du courant.

Ainsi, quand on mesure la résistance de la surface a par une force perpendiculaire à cette surface, il faut multiplier l'action que le fluide exercerait directement par le sinus de l'angle d'inclinaison. Soit, par exemple, la surface AB faisant, avec la direction CD du fluide, un angle ADC; si DC exprime la pression que le fluide exercerait contre une surface perpendiculaire à sa direction, on aura la force, dans ce cas oblique, en élevant, au point D, une perpendiculaire DE sur AB, et en abaissant, du point C, une perpendiculaire CE sur DE; et le côté DE exprimera la force DE qui égale CD × sin. ADC.

Si on mesure la résistance perpendiculairement à celle du fluide, elle sera exprimée par la surface que présente FB, projection de AB, sur un plan perpendiculaire à AB; de manière que si l'on mesure l'effort par la surface AB, on aura l'effort proportionnel à AB sin. ADC, et si on le mesure par la projection FB, on aura seulement FB.

Quand, dans les expériences sur l'impulsion d'une veine fluide contre un plan indéfini, Bossut faisait faire à la plaque un angle de 60 degrés, avec la direction du fluide, il trouvait avec le réservoir de 4 pieds :

Et un tuyau de 10,5 lignes, une résistance de . . . 12248
. . . . de 6 lignes 4315

et avec le réservoir de 2 pieds :

Et un tuyau de 10 lignes 6125
. . . . de 6 lignes 2138

En comparant ces expériences avec celles que nous venons de citer, on voit que la résistance d'une plaque reste à peu près la même, quelle que soit son inclinaison par rapport à la direction du fluide.

Vince, professeur d'astronomie et de physique à l'université de Cambridge, a fait des expériences avec un volant armé de quatre plans ; il a trouvé des résistances un peu moindres que les sinus d'inclinaison ou un peu moindres que la projection du plan par rapport au rayon. Mais si l'on fait attention que la différence est d'autant plus sensible que l'inclinaison est plus grande, et que l'auteur a négligé de tenir compte du frottement qu'il prétendait avoir évité, on s'expliquera sans peine la petite différence de ces résultats avec la théorie.

Le même auteur a fait d'autres expériences en faisant agir de l'eau avec une vitesse beaucoup plus considérable, et en se servant d'un bassin pour lui communiquer la vitesse nécessaire à ses expériences. Il avait placé la plaque à un pouce de l'orifice, et il trouva que les résistances diminuaient comme les projections, conformément à la théorie, parce qu'ici le frottement ne venait pas altérer les résultats.

De l'impulsion d'un fluide contre une surface courbe ou contre un bateau.

D'après ce que nous avons dit précédemment sur les surfaces obliques, l'action d'un fluide contre une surface courbe ne semblerait présenter aucune difficulté, et sa résistance paraîtrait être égale à celle de la projection de sa base sur un plan perpendiculaire à la direction du fluide.

Les expériences de Borda, sur l'air et sur l'eau, ont prouvé pourtant que la résistance de la sphère, au lieu d'être égale à celle de son grand cercle, n'en était que les deux cinquièmes; celles de Hutton, sur l'eau, ont confirmé le même résultat; celles de Dubuat, en faisant osciller une sphère, ont donné une résistance dans le rapport de 1 à 2,86 encore plus petite que la précédente.

Les personnes qui veulent justifier ces résultats, en disant que la résistance d'un fluide contre un plan oblique décroît comme le sinus carré d'incidence, ne pourraient nullement expliquer les expériences du Chapitre précédent; et d'ailleurs, l'on sait qu'en partant de ce dernier principe, Newton n'a trouvé pour la résistance de la surface de la sphère qu'une résistance moitié de celle de son grand cercle. Il faut donc avoir recours à une autre explication, et nous préférons avouer notre ignorance à cet égard et attendre que quelque physicien lève cette difficulté et explique ce paradoxe.

4*

Il faut remarquer pourtant que les cas où un même plan éprouve différentes résistances, suivant qu'il sert de base à une surface plus ou moins saillante, plus ou moins allongée, ont lieu lorsque le fluide a une section transversale indéfinie par rapport à la grandeur du plan ou de la coupe transversale, *maximum* de la surface, faite perpendiculairement à la direction du fluide. Nous ajouterons encore que lorsque le courant a une section transversale finie, et qu'il agit contre une surface indéfinie, les expériences donnent la résistance proportionnelle à la section transversale du fluide, faite perpendiculairement à sa direction, et cela indépendamment de l'inclinaison de la surface par rapport à cette direction.

Lorsqu'une surface se meut circulairement autour d'un axe (comme dans les roues à aubes), et que le fluide n'est pas obligé de se détourner, pour se dégager et continuer le mouvement qui lui reste après avoir agi contre la surface, la résistance ne dépend que de la grandeur de la projection de l'aube sur un plan passant par l'axe du mouvement; et elle se trouve indépendante de l'inclinaison de cette aube par rapport à ce plan, ou par rapport à un plan perpendiculaire à la direction du fluide, suivant la manière particulière d'agir de ce fluide. Il y a pourtant une espèce de roues à vent, nommée *panemore*, qui est fondée sur un principe opposé, sur les différentes espèces de courbure que présentent les aubes à l'impulsion du fluide, dans leurs différentes positions momentanées. Mais ces roues n'utilisent, suivant M. Hachette, qu'une force huit à dix fois moindre que les autres espèces de roues à vent, et ne fournissent qu'une faible exception. L'on conçoit, par ces remarques, toute l'importance de cette question, qui mérite d'attirer l'attention des physiciens.

Bossut a prouvé que l'on pouvait donner à la proue ou à l'avant d'un bateau une courbure telle, que sa résistance ne serait à celle de la surface plane qui lui sert de base que dans le rapport de 94 à 342.

Une société instituée en Angleterre en 1793, pour le perfectionnement de l'architecture navale, a trouvé une courbure plus avantageuse qui réduisait la résistance dans le rapport de 60 à 253.

La théorie des bateaux à vapeur, que nous donnons ci-après, appliquée aux observations de M. Marestier, confirme ces derniers résultats, sans pourtant pouvoir permettre de prendre des résultats numériques, à cause de la manière dont les observations sont rapportées.

Mais, ce qu'il y a de plus singulier, c'est que les expériences, faites sur des bateaux dont l'avant n'était formé que par deux plans obliques, présentent aussi une diminution de résistance, quoique la base de la surface opposée au fluide restât constante; c'est ce que prouvent les expériences de Bossut et Condorcet, publiées dans les *Mémoires de l'Académie des Sciences*, en 1778, et postérieures aux expériences publiées en 1777, conjointement avec d'Alembert. Dans le tableau qu'ils ont présenté, la résistance directe est représentée par 1000, et cette résistance diminue de plus en plus, à mesure que le sommet du triangle isocèle, qui forme le plan horizontal de l'avant du bateau, devient plus petit; mais l'on a observé que cette diminution devient de moins en moins rapide, à mesure que l'obliquité devient plus grande, et qu'elle paraît cesser quand cette obliquité est le tiers ou le quart de 90°; de manière que la résistance semble rester constante et confirmer le principe du Paragraphe précédent : alors la résistance est les deux cinquièmes de la résistance directe.

De la résistance d'une surface mobile dans un canal étroit.

Si la surface se meut dans un canal d'une largeur et d'une profondeur déterminées, alors la résistance croît dans un plus grand rapport que la simple hauteur due à la vitesse; et cet accroissement est assez sensible, pourvu que les dimensions du canal ne soient pas fort grandes par rapport à celles de la surface.

Parmi les différentes expériences de ce genre faites par Bossut, nous nous contenterons de rapporter celles faites avec le vaisseau N° 2 (*fig.* 3), ayant une largeur de 2 pieds, une profondeur de 18 pouces, une longueur totale de 6 pieds, et l'arrière-bec composé d'un trapèze dont le petit côté était d'un pied, et la distance entre les deux côtés parallèles de 2 pieds, ainsi que le grand côté ; la flottaison, lors du repos, était d'un pied.

CANAL.		Résistance en livres.	Rapports.	
Profondeur.	Largeur.			
pouc. lig.	pouc. lig.			
15 2	28 6	5,394	2,561	3,002
15 2	40 »	4,533	2,153	1,899
15 6	75 »	3,105	1,523	1,329
15 4	Indéf.	2,524	1,199	
27 3	Id.	2,414	1,147	
78 »	Id.	2,105	1,000	
Résist. due à la hauteur.		2,318	1,101	

La quatrième colonne exprime les rapports de chaque résistance particulière avec la résistance dans un canal indéfini. On voit que cette résistance augmente rapidement à mesure que le canal devient plus étroit par rapport aux dimensions du bateau. Pour voir cette influence plus au clair, nous avons divisé la section transversale du canal par cette même surface, diminuée de 2 pieds, qui est la valeur de la surface transversale du bateau immergée dans le canal ; et nous avons inscrit les résultats dans la cinquième colonne. En comparant entre eux les nombres de la quatrième et de la cinquième colonne, on voit que les rapports des surfaces sont moindres que les rapports des résistances, quand les premiers rapports sont au-dessous d'une certaine valeur, qui, pour ce cas particulier, paraît ne pas s'écarter beaucoup de deux ; mais quand les premiers rapports sont au-dessus de cette valeur, alors ils sont moindres que les rapports des résistances.

Les résistances dans des canaux d'une largeur indéfinie, mais de différentes profondeurs, nous apprennent que, pour avoir une formule qui exprime les résistances dans tous les cas, il n'est pas possible de supposer au fluide une vitesse uniforme dans toutes les parties, et qu'il faut admettre que le fluide, près du bateau, a une plus grande vitesse que dans le reste du canal ; et que cette plus grande vitesse, à l'entour du bateau, forme une espèce d'atmosphère qui augmente la résistance éprouvée par le bateau quand sa circulation se trouve gênée dans quelque partie.

Des roues hydrauliques.

Quand la roue est verticale, 1° l'eau peut arriver au-dessus, emplir de petites caisses placées à l'entour de la circonférence et agir par son poids ; c'est ce que l'on nomme roue *à augets* ou *à pots* ; 2° l'eau peut arriver en dessous de la roue et venir pousser des petites surfaces planes ou courbes, disposées régulièrement à l'entour de la circonférence ; alors l'eau agit par impulsion continue ou plutôt par pression ; c'est ce que l'on nomme roues à ailes ou à aubes ; 3° l'eau peut encore venir, par le côté de la roue, dans une position intermédiaire aux deux premières manières, et participer par ce moyen des propriétés de ces deux premières manières, en agissant d'abord par impulsion et ensuite par son poids; c'est ce que l'on nomme les roues de côté. La roue peut n'être pas verticale, tout en restant soumise à l'impulsion de l'eau : dans ce cas les roues ont reçu le nom de turbines, il y en a de plusieurs espèces, que nous distinguerons plus loin. Il y aussi plusieurs autres espèces de roues, entre autres les roues à force centrifuge.

Roues à aubes.

Les roues à aubes, où l'eau agit en dessous par l'excès de la force qu'elle possède, sur la force acquise par la roue, ont été appelées par les auteurs, roues mues par le choc de l'eau, parce qu'ils croyaient que l'eau agissait contre les aubes continuellement par le choc. Cette dénomination ne nous paraît pas convenable, et nous semble même impropre : si, comme nous le pensons, il n'y a effectivement choc, du moins de la masse totale de l'eau fournie par l'orifice, que dans le premier instant où l'eau atteint les aubes; et si, quand le mouvement de la roue est devenu uniforme, il n'y a plus qu'une simple impulsion, provenant des portions de l'eau qui viennent agir successivement contre la roue, et déterminée par la différence relative de la vitesse de la roue et de la vitesse du fluide; dans ce dernier cas, la pression éprouvée par la roue est une somme de chocs infiniment petits. En effet, quand le mouvement est devenu uniforme : si l'on partage , par la pensée , à partir de la roue, et en tranches parallèles aux aubes, l'eau qui est près d'atteindre ses aubes, on s'apercevra que les tranches , qui sont près de la roue , n'ont qu'une vitesse peu différente de celle de cette roue ; mais que cette vitesse s'accroît à mesure qu'elles s'en éloignent, jusqu'à celles qui, situées à une certaine distance , possèdent toute la vitesse du courant. Les différentes tranches , en perdant une partie de leur vitesse , s'élèvent de plus en plus à mesure qu'elles s'approchent de la roue jusqu'à une certaine distance où cette élévation , au-dessus du niveau de l'eau , parvient à son maximum ; à ce terme , l'eau commençant à agir sur la roue , la tranche commence à s'abaisser et à perdre une partie de sa force. Peut-être encore que les différentes tranches de l'eau motrice ne perdent que successivement leur excès de force contre la roue , de manière que l'action de l'eau motrice se communique à la roue par des tranches de liquide, qui ont déjà perdu une partie de leur action propre ; mais qui transmettent l'action des autres tranches à peu près comme le font la plupart des corps qui composent les différentes parties ou les différens organes des machines.

Pour traiter la théorie des roues à aubes , avec toute la rigueur et la généralité possible , il faudrait : considérer l'action de l'eau contre toutes les ailes soumises à la fois à l'impulsion du fluide ;

faire attention à la situation variable que prend chaque aile à cause du mouvement de la roue, pendant qu'elle reste soumise à l'action du fluide ; ne pas se contenter d'examiner l'action d'une seule veine fluide contre chaque aile, mais calculer encore en même temps l'action de toutes les autres veines fluides, action qui n'est pas identique, et qui varie d'une veine à l'autre, etc. Et quand même il se trouverait une personne qui ne serait pas effrayée par toutes les conditions auxquelles il faut satisfaire, et qui aurait assez de courage pour entreprendre la solution générale du problème ; elle serait encore arrêtée par le peu de données que nous possédons jusqu'ici sur la nature des fluides. D'ailleurs, à en juger par la tentative de Bossut, que l'on trouve à la fin de son *Hydrodynamique*, cette solution serait plus curieuse qu'utile ; et l'on serait toujours forcé de négliger certaines données pour avoir une solution plus maniable et d'un usage facile et commode pour la pratique.

Ainsi, c'est dans la vue d'obtenir ce dernier résultat que l'on se permet, de prime-abord, une hypothèse qui revient à regarder les roues à aubes, comme ayant un assez grand nombre d'ailes pour que l'eau rencontre, continuellement sur son passage, une aile située à l'extrémité du rayon vertical.

Historique des roues à aubes.

La quantité d'eau dépensée ou consommée restant la même, Newton qui s'occupa le premier de cette question, trouva que la quantité de force reçue par la roue croissait comme le carré de la vitesse du fluide.

Parent, Mémoires de l'Académie des Sciences, 1704, observa le premier, que lorsqu'une roue à palettes était mise en mouvement par l'action d'un courant, la vitesse avec laquelle ces palettes étaient choquées, était la différence de la vitesse du courant, et de celle du centre d'impression ou d'impulsion de la roue. *Mais il crut que c'était au carré de cette différence que l'impulsion était proportionnelle.* Il chercha ensuite l'expression générale de l'effet de la machine, c'est-à-dire, le produit du poids qu'elle élevait par la vitesse de ce poids ; et trouva que cette expression était un maximum, lorsque la vitesse du centre d'impulsion des aubes de la roue était égale au tiers de la vitesse du courant. Nous donnerons plus bas l'équation de Parent, d'après M. Navier, et nous tâcherons de montrer bien clairement en quoi consiste son erreur, qui a été partagée par Pitot, Bélidor, Maclaurin, et Albert Euler, et généralement par tous les mécaniciens.

Dans les Mémoires de l'Académie des Sciences, année 1767, Borda remarque : que, lorsque le mouvement est parvenu à l'uniformité, l'action instantanée du fluide sur les palettes, fait équilibre à l'action de la gravité sur le poids P; ou, ce qui est la même chose, que la force que le fluide perd à chaque instant dans le plan du mouvement de la roue, fait équilibre avec la force que l'action de la gravité donne au poids P dans le même instant.

En ne considérant qu'une seule palette de la roue soumise à l'action de la force du choc, Parent et ses prédécesseurs trouvaient, en appelant V la vitesse de l'eau et v celle de la palette, que le choc était porportionnel à $(V - v)^2$; et comme l'effet est nécessairement proportionnel à la vitesse des palettes, multipliées par la force du choc, ils avaient représenté l'effet de la roue par $v\,(V - v)^2$, d'où ils déduisaient pour le maximum, v égale $\frac{1}{3}$ V. Mais, continue Borda, « dans le mouvement dont il s'agit, il fallait observer que l'action de l'eau ne s'exerce pas contre une palette isolée, mais contre plusieurs palettes à la fois, et que ces palettes fermant tout le passage du petit canal, et ôtant au fluide la vitesse qu'il a de plus qu'elles, la force perdue par le fluide; et par conséquent le choc qu'éprouvent les palettes, n'est plus proportionnel au carré de la différence des vitesses du fluide et des palettes, mais seulement à la différence de ces vitesses; d'où il suit que l'effet est représenté par $v\,(V - v)$ et non par $v\,(V - v)^2$; et cherchant le maximum de $(V - v)\,v$, on trouve v égale à un $\frac{1}{2}$ V »

Bossut, à qui l'hydrodynamie doit beaucoup d'expériences intéressantes et des recherches nouvelles et importantes, avait raison de ne pas approuver la manière d'obtenir cette solution ; mais il avait tort de ne pas l'adopter et de continuer à se servir de l'équation de Parent (1).

Il est curieux aussi de voir que Borda démontrait dans le même Mémoire, son équation par le principe des forces vives, et de remarquer que Bossut n'y faisait aucune attention.

---

(1) Borda conclut, dit-il, que le moment d'impulsion contre la partie immergée de l'aile inclinée, est toujours égal au moment de l'impulsion de la projection de cette partie immergée sur l'aile verticale, soit que la roue soit en repos, soit qu'elle soit en mouvement. La chose n'est vraie, continue-t-il, que pour le premier cas. La manière dont Borda mesure la percussion du fluide contre un plan mobile, est fautive, et il ne doit pas se contenter de la supposer proportionnelle à la simple différence des vitesses ; car il est évident qu'en vertu de la vitesse que le plan a perpendiculairement à la direction du fluide, le plan est repoussé par l'eau de la même manière que s'il était en repos, et que l'eau vint le frapper avec cette même vitesse, d'où il résulte une nouvelle impulsion qui se combine avec la première. Bossut dit encore plus loin, que cette théorie n'est pas applicable aux roues plongées dans les rivières où le fluide peut s'échapper et n'est pas nécessité à perdre la moitié de sa vitesse contre les ailes ; qu'elle souffre même des restrictions sensibles pour les roues mues dans des coursiers ; car il se perd une partie du fluide par les vides qu'il faut nécessairement laisser entre l'intérieur du coursier et les extrémités des ailes, pour éviter le frottement.

Quoique Borda , dans sa théorie des roues à aubes , ne distingue pas le cas des roues à aubes dans un courant d'une largueur indéfinie , du cas d'une roue à aubes dans un coursier ; pourtant, comme pour sa solution , il semble exiger que les palettes ferment tout le passage et ôtent au fluide la vitesse qu'il a de plus qu'elles, on a conclu dernièrement dans un ouvrage de mérite , que les solutions de Parent et de Borda étaient exactes toutes deux , et convenaient à deux cas différens : l'une pour les roues mues dans un courant d'une largeur indéfinie , et l'autre pour les rues mues dans un coursier ; et que c'était probablement faute d'avoir fait cette remarque , que M. Girard avait cru que les résultats de Borda , et les expériences de Sméaton s'accordaient avec une théorie de don Georges Juan , d'après laquelle la résistance dans les fluides indéfinis , serait proportionnelle à la vitesse. Les expériences que Bossut a faites, prouvent que le rapport des vitesses de la roue et de l'eau motrice, qui donne le maximum d'effet, est le même; soit que la roue soit mue dans un coursier , soit qu'elle soit mue dans un courant indéfini ; et que de plus, ce rapport est deux cinquièmes , le même que celui donné par Sméaton. Ce maximum est encore confirmé par les expériences de M. Christian.

Du vaisseau poussé par le vent.

Avant de parler des roues hydrauliques , c'est-à-dire, du cas où plusieurs surfaces planes ou courbes sont assujetties à tourner autour d'un axe fixe, il convient de parler du cas plus simple où l'agent moteur est employé à mouvoir une surface parallèlement à elle-même, suivant une ligne droite ; c'est ce qui arrive à un vaisseau poussé par le vent ; et quoique nous n'ayons pas l'intention de traiter les différentes questions qui se rattachent aux vaisseaux, nous ne pouvons pourtant nous dispenser d'en dire un mot en passant, pour rendre moins incomplet cet essai sur les roues hydrauliques.

Supposons un plan vertical qui se meuve parallèlement à lui-même, avec une vitesse u, et que v représente la vitesse du fluide : la force d'impulsion avec laquelle toute molécule individuelle viendra agir contre le plan, ne sera pas v, mais bien $v-u$: le nombre des molécules de ce fluide qui, pendant un temps déterminé, auront dépassé le plan, ou auront agi contre ce plan, ou ce qui vaut mieux, se seront succédé par rapport à ce plan supposé fixe, ne sera pas proportionnel à la vitesse de ce fluide, mais bien à la différence des vitesses du fluide et du plan ; de sorte que la force d'impulsion totale du plan, sera proportionnelle à $(v-u)^2$, et comme ce plan possède déjà une vitesse u, sa force pourra être représentée par

$$k\,(v-u)^2\,u$$

k étant une quantité constante à déterminer par la théorie ou par l'expérience.

Pour déterminer cette constante k, nous remarquerons que l'impulsion du fluide sera proportionnelle à la surface plane du plan, de manière que la force du plan deviendra

$$k'S\ (v-u)^2 u$$

où $S(v-u)^2$ exprime la pression d'une colonne de liquide, ayant pour base la surface S ; or, cette colonne liquide, ne presse la surface S qu'en vertu seulement de sa différence de vitesse $v-u$; et la vitesse que la pesanteur tend à communiquer au fluide, n'entre pour rien dans l'action de ce fluide contre cette surface ; puisque cette vitesse est supposée uniforme et égale à v. Pour avoir la véritable pression de la colonne du fluide contre la surface, il faut en retrancher la vitesse que la pesanteur tendrait à lui communiquer dans une seconde ; vitesse qui est égale à $2\,g$ (g étant l'espace parcouru par un corps dans le vide, dans la première seconde de sa chute) ; ce que l'on fait en faisant la force du plan égale à

$$S\ \frac{(v-u)^2}{2\,g}\ u.$$

Nous aurions pu arriver à cette équation d'une manière plus abrégée, en remarquant que nous avons déjà vu (pag. 27, 29) que lorsqu'une colonne de fluide presse contre une surface avec une vitesse $v-u$, sa pression est la même que celle d'une surface qui supporterait une colonne immobile du fluide, mais d'une hauteur égale à la hauteur

5

nécessaire au fluide pour acquérir en tombant dans le vide la vitesse $v - u$.

Et en désignant par F la force acquise par la surface, nous aurons l'équation

$$S \; \frac{(v - u)^2 \, u}{2 g} = F,$$

qui est l'équation fondamentale qui entre dans toutes les questions que l'on peut se proposer sur le mouvement des vaisseaux qui marchent au moyen des voiles.

De la vitesse du maximum d'effet.

Quoique dans ces sortes de problèmes, on n'ait pas besoin d'économiser la force motrice, et que l'on doive presque toujours tâcher de marcher avec la plus grande vitesse possible, pourtant il n'est pas inutile de chercher quelle est la vitesse qui procure le maximum d'effet. Ceux à qui le calcul différentiel est familier, trouveront facilement que cette vitesse du maximum d'effet est donnée par la valeur

$$u = \frac{v}{3},$$

c'est-à-dire, quand la vitesse de la surface est le tiers de celle du fluide.

Substituant cette valeur dans l'équation ci dessus, nous aurons

$$\frac{S \, v^3 \, S}{27 g} = F',$$

pour la force obtenue lors du maximum d'effet,

Parent avait appliqué ces résultats, par erreur, aux roues hydrauliques.

De la vitesse du maximum d'effet, lors de l'existence du frottement.

Vous avons démontré dans nos études sur les machines, que la force consommée par les frottemens, croissait comme le carré de la vitesse, et non comme la simple vitesse, comme on l'avait fait jusqu'ici. En conséquence, si une partie de la force acquise par la surface, est consommée par les frottemens, il faudrait poser l'équation

$$\frac{S\,(v-u)^2\,u}{2g} = F + f\,u^2,$$

f désignant le coefficient constant du frottement, indépendant de la vitesse, on aura donc pour obtenir la vitesse du maximum d'effet à différentier l'équation

$$\frac{S\,(v-u)^2\,u}{2g} - f u^2 = F.$$

ce qui donne d'abord

$$-\frac{S}{g}\,(v-u)\,u + \frac{S}{2g}\,(v-u)^2 - 2fu = 0,$$

ou en réduisant :

$$3\,S\,u^2 - 4\,(S\,v + f g)\,u = -S\,v^2,$$

ou

$$u = \frac{1}{3S}\left(2Sv + 2fg + \sqrt{S^2 v^2 + 8 S f g v + 4 f^2 g^2}\right).$$

Nous avons pris pour u, la plus petite des deux

racines, parce qu'en y faisant f égale zéro, on trouve u égale un tiers v, qui est la véritable valeur que l'on doit trouver dans ce cas. Si l'on fait la même supposition dans la plus grande racine, l'on trouve $u=v$, c'est-à-dire que la vitesse de la surface est égale à la vitesse du fluide. Ainsi, quand, dans la force dépensée, on tient compte du frottement, on trouve, pour la vitesse du maximum d'effet, deux valeurs, l'une qui correspond au maximum d'effet utilisé, et l'autre représente la force dépensée.

Par rapport à la force dépensée pour faire marcher un vaisseau, la force consommée par le frottement de l'eau étant très-petite, on peut ordinairement la supprimer sans erreur sensible, ce qui nous dispense de nous étendre davantage sur ce cas.

Quand on voudra appliquer l'équation

$$\frac{S\,(v-u)^2\,u}{2\,g} = F,$$

pour trouver la force que les vents impriment réellement à un vaisseau, il faudra regarder $S\,\dfrac{(v-u)^2}{2\,g}$, comme un espace rempli d'air, et le convertir en poids, d'après l'observation qu'un mètre cube d'air, à la température de la glace fondante, pèse 1,2979 kilogrammes.

De plus, d'après l'observation, comme l'air est un fluide compressible, il faudra prendre

$$\frac{S\,(v-u)^2\,u}{g}$$

au lieu de

$$\frac{S\,(v-u)^2\,u}{2g}\,,$$

et ordinairement la surface de chaque voile sera assez grande pour que l'on puisse négliger la perte de force qui se fait au pourtour, d'après la règle que nous avons exposée (pages 47, 48).

Si le vaisseau n'a à surmonter d'autre résistance que celle que l'eau oppose à son sillage, en représentant par Q, la surface plane qui présente la même résistance que la proue, et par D la densité de l'eau, par rapport à celle de l'air, on a pour la résistance, ou la pression qu'éprouve cette proue $\dfrac{Q\,u^2}{2g}$, et pour la force qu'elle consomme $\dfrac{Q\,D\,u^3}{2g}$; force qui doit être égale à celle F, ce qui donne l'équation

$$\frac{Q\,D\,u^3}{2g}=F\,,$$

Égalant, entre elles, les deux valeurs de F, on trouve après la réduction, l'équation :

$$2\,S\,(v-u)^2=Q\,D\,u^2\,,$$

ou

$$v=u\left(1+\sqrt{\frac{Q\,D}{2\,S}}\right).$$

Dans les derniers ouvrages publiés sur les bateaux à vapeur; ouvrages qui, renferment d'ailleurs des données très-intéressantes, on applique mal à propos cette équation et la précédente aux bateaux à vapeurs, mus par l'intermédiaire des roues hydrauliques à aubes ; nous citerons plus bas, en parlant de ces bateaux à vapeur, un exemple qui montrera jusqu'à quel point cette erreur peut devenir grave et préjudiciable.

Si, pour trouver la résistance que la proue oppose au mouvement du vaisseau, on était obligé d'employer l'appareil de Bossut, l'expérience deviendrait non-seulement très-dispendieuse, mais encore presque impraticable ; et la perfection des constructions navales ne pourrait jamais être obtenue, ou du moins on n'y parviendrait que par un pur hasard.

Mais heureusement, l'équation précédente donne le moyen de résoudre la question, pour ainsi dire, sans aucun autre appareil que les voiles ; toutes les fois que l'on connaîtra la vitesse du vent ou la différence des vitesses du vent et du bateau. D'abord, la ligne de flottaison, lorsque le vaisseau sera tranquille, facilitera le moyen de connaître la partie du maître couple plongée dans l'eau, et par conséquent la surface plane qui sert de base à la surface courbe que la proue oppose à la résistance de l'eau ; et comparant cette surface plane, avec celle Q, déduite de l'équation précédente, on aura un rapport qui exprimera la limite de perfection que l'on a obtenue par la construction dans le bateau soumis à l'expérience. Pour chaque ligne de flottaison, la proue présentant une surface différente à la résistance de l'eau, chacune de ces surfaces différentes ne seront pas semblables entre elles, et ne pourront par conséquent donner lieu au même rapport entre la surface de la partie du maître couple immergée dans l'eau, et la surface Q déduite de l'équation ci-dessus : ce qui nécessitera de chercher les rapports pour les différentes lignes de flottaison, et de dresser une table qui sera des plus intéressantes pour la perfection des constructions navales.

Mais il faut faire attention de tenir compte, dans la surface S des voiles, de la partie de l'arrière du vaisseau, qui, par sa résistance au vent, contribue à augmenter la marche du vaisseau ; mais comme cette partie est plus ou moins courbe, cette surface courbe ne doit pas être regardée comme identique avec la surface plane, hors de la flottaison qui lui sert de base, et elle doit être réduite suivant un rapport que l'expérience indiquera. De plus, comme l'action du vent sur les voiles, tend à faire incliner le vaisseau de l'arrière à l'avant, la surface de la proue, immergée dans l'eau, ne sera pas tout-à-fait celle que la ligne de flottaison indiquait lorsque le vaisseau était en repos.

En calculant la force F au moyen de l'une des équations ci-dessus, en la supposant appliquée au centre d'impulsion du vent, et en la comparant avec la masse du vaisseau supposée réunie au centre de gravité, on aura le moyen de juger de l'inclinaison du vaisseau, de la véritable ligne de flottaison, et de calculer le véritable rapport entre la résistance de la surface courbe de la proue et de celle de la surface qui lui sert de base. On voit ainsi que cette méthode exigera d'employer peut-être une méthode de rectifications successives, et tout le mérite consistera à trouver la méthode la plus courte, la plus simple et la plus commode pour la pratique.

Supposons que l'on n'ait aucun instrument pour mesurer la vitesse du vent ou la différence de vitesse du vent et du bateau.

L'équation

$$v = u \left(1 + \sqrt{\frac{Q D}{2 S}} \right),$$

donnera pour une autre surface S' des voiles, une nouvelle vitesse u' du bateau, liée par l'équation

$$v = u' \left(1 + \sqrt{\frac{Q D}{2 S'}} \right),$$

et égalant entre elles les deux valeurs de v on arrivera à l'équation

$$Q D = \frac{(u - u') \sqrt{2 S S'}}{u' \sqrt{S} - u \sqrt{S'}},$$

qui donnera le moyen de connaître la résistance que présente la proue, en connaissant seulement la surface des voiles et la vitesse du bateau.

Des roues hydrauliques à aubes.

Long-temps, les auteurs s'étaient divisés sur la

manière de représenter les effets des roues hydrauliques à aubes : les uns continuaient d'employer l'équation de Parent, et les autres avaient adopté l'équation de Borda. Nous venons de voir comment l'équation de Parent ne convient pas aux roues hydrauliques à aubes ; comment elle ne représente que les effets d'une surface se mouvant parallèlement à elle-même et en ligne droite , et comment elle convient à un vaisseau poussé par les voiles. Il ne nous reste plus, pour montrer d'une manière manifeste, la bonté de l'équation de Borda, pour représenter les effets des roues à aubes , qu'à éclaircir ce qu'il dit , et à remarquer que si l'eau n'agissait que contre une palette isolée, cette palette, assujettie à se mouvoir circulairement autour d'un axe immobile, commencerait à recevoir de la part de l'eau un mouvement qui s'accélérerait de plus en plus jusqu'à un certain terme qui serait un maximum ; arrivé à ce terme , la vitesse de la palette diminuerait de plus en plus , jusqu'à ce qu'elle fût stationnaire, et alors la résistance qu'elle éprouverait de la part du courant serait égale à l'action de la gravité sur cette palette multipliée par sa distance moyenne à l'axe. Ce qui occasione un mouvement continu dans les roues à aubes ; c'est que , quand une palette cesse d'être soumise à l'action de l'eau , ou que cette action s'affaiblit, elle est remplacée par une nouvelle palette ; et la situation de la roue peut être regardée comme invariable , par rapport à un

point fixe quelconque, quoiqu'elle se meuve continuellement. Pour établir sa théorie, Borda
n'avait pas besoin de paraître exiger que les palettes fussent construites de telle façon qu'elles pus-
sent fermer tout le passage du petit canal et ôter
au fluide la vitesse qu'il a de plus qu'elles. Seulement, sans égard à la grandeur des aubes, par
rapport à la section transversale du courant, il
devait remarquer que, toute molécule individuelle
et isolée, qui venait agir contre l'aube, le faisait
avec une force d'impulsion proportionnelle à la
différence des vitesses du fluide et de la roue : et
que, comme par rapport à un point fixe quelconque, la roue pouvait être supposée garder une
position invariable, tout en se mouvant continuellement; le nombre des molécules du fluide,
qui s'étaient succédées et remplacées dans les
mêmes positions, pendant un temps déterminé,
était proportionnel à la vitesse du fluide et indépendant de la vitesse de la roue ; et par conséquent
la force d'impulsion totale était proportionnelle
à la quantité $V(V-v)$, et non à celle $(V-v)^2$.
Il devait encore ajouter que, pour avoir cette dernière force d'impulsion, il fallait remplacer la
roue à aubes, non par une palette isolée, mais
par un plan vertical se mouvant parallèlement à
lui-même avec un mouvement continu ; alors la
force d'impulsion de toute molécule individuelle,
qui viendrait agir contre le plan, serait bien $V-v$
comme dans le cas précédent ; mais le nombre de

molécules qui, pendant un temps déterminé, auraient agi contre ce plan, ou se seraient succédées dans les mêmes positions par rapport à ce plan supposé fixe, ne serait plus proportionnel à la vitesse du fluide, mais bien à la différence des vitesses du fluide et du plan; ce qui ferait la force d'impulsion totale, proportionnelle à $(V - v)^2$ comme l'avait trouvé Parent.

L'impulsion que reçoit une roue hydraulique peut être représentée par

$$K\, V\, (V - v)$$

et comme la roue hydraulique possède une vitesse v, sa force pourra être représentée par

$$K\, V\, (V - v)\, v$$

K étant toujours une quantité constante à déterminer à priori.

Si la roue est employée à soulever un poids au moyen d'une corde qui s'enroule autour d'un treuil, l'expérience et le raisonnement prouvent que le mouvement devient bientôt uniforme, et que par conséquent la force qui anime le poids est égale à la force de la roue; en représentant, par P le poids soulevé, et par u la vitesse dont ce poids est animé par seconde, on trouvera l'équation

$$P\, u = K\, V\, (V - v)\, v$$

pour représenter les effets des roues à aubes.

Pour déterminer le coefficient K, nous supposorons la vitesse du fluide constante : cette supposition fait que, dans le second membre, il n'y a que le produit $(V - v)\, v$ qui soit variable.

Représentons par la droite AD (*fig.* 4), la vitesse v, et par celle AB la vitesse constante V, sur laquelle, comme diamètre, nous décrirons la demi-circonférence AMB; on sait, par la propriété du cercle, qu'en élevant, sur la droite AB et au point D, la perpendiculaire ou l'ordonnée DM, on a $\overline{DM}^2 = AD \times DM = (V - v)\,v$. Ainsi, pour avoir le maximum de la quantité $(V - v)\,v$, il suffit de regarder dans quel cas DM est un maximum; or, DM est un maximum quand il est égal au rayon, et par conséquent quand il est égal à un demi-AB ou à un demi-V.

Quand la roue à aubes se meut dans un coursier, elle ne peut pas être assimilée à un plan se mouvant dans un coursier parallèlement à lui-même, et l'eau pour s'échapper n'a pas besoin de trouver une issue entre le plan et le coursier, ou de passer au-dessus du plan; ce qui n'occasione pas les accroissemens de résistance trouvés par Bossut pour des bateaux se mouvant dans des canaux étroits, parce que l'eau qui se trouve retenue par une aube en avant, se retrouve derrière l'aube suivante qui va agir, et peut s'écouler à mesure que l'aube, qui la précède, laisse agrandir l'ouverture entre son extrémité et le fond du coursier; de plus, comme l'eau qui se trouve entre deux aubes ne doit conserver que l'excès de la vitesse de l'eau du courant sur la vitesse de la roue, elle ne peut gêner que très-peu le mouvement, et même cette gêne devient nulle lors du cas du maximum d'effet. Ainsi, une roue à aubes, qui se trouve dans un coursier, n'éprouve pas plus de résistance qu'une roue à aubes qui se trouve dans un courant indéfini. Seulement, dans un cas, pour avoir la mesure de la force dépensée, on peut se contenter de la déduire de l'ouverture de la vanne et du coefficient de la contraction ; et dans l'autre, il faut la conclure de la partie de l'aube immergée dans l'eau, lorsque la roue et l'eau sont supposées en repos.

Dans le cas des roues à aubes se mouvant dans un coursier, désignons par a l'ouverture de la vanne et par b sa largeur ; s'il n'y avait pas de contraction, le volume de l'eau, fourni par le bassin dans une seconde, serait égal à la surface de l'ouverture de la vanne, multipliée par la vitesse V que possède l'eau au sortir de l'orifice et avant d'agir sur la roue, ou à abV ; mais, à cause de la contraction, la quantité d'eau dépensée n'est pas si considérable et se réduit à $abcV$, c désignant le coefficient de la contraction. Pour déduire le cas des roues à aubes dans un courant indéfini de celui dans un coursier, il suffira de faire a égal à la hauteur de l'aube ou à la partie de l'aube immergée dans l'eau, de désigner par b, sa largeur, et de supposer c égal à un.

Pour connaître la force dépensée, faisons attention que lorsqu'un fluide agit contre une surface immobile, la résistance ou la pression soufferte

par la surface est proportionnelle à $\dfrac{a\,b'\,c\,\mathrm{V}^2}{2\,g}$ (p. 40).
Comme le fluide a, en outre, une vitesse égale à V, la force dépensée est réellement, égale à $\dfrac{a\,b\,c\,\mathrm{V}^3}{2\,g}$.

Pour connaître la force utilisée par le récepteur, nous ferons attention que la colonne d'eau, qui agit sur la roue, et la presse, est exprimée par l'équation

$$a\,b\,c\,k\,\mathrm{V}\,(\mathrm{V}-v),$$

quantité dépendante de la vitesse de la roue ; elle est nulle quand la vitesse de la roue est égale à celle du fluide ; et elle est égale à $a\,b\,c\,k\,\mathrm{V}^2$ quand la vitesse de la roue est nulle. Pour la déterminer complètement, il suffit de trouver la valeur de k dans un cas particulier. Dans le cas du *maximum* d'effet, où la vitesse de la roue est la moitié de celle du courant, la pression ci-dessus devient $\dfrac{a\,b\,c\,k\,\mathrm{V}^2}{4}$. Dans ce même cas, la pression de l'eau, avant d'agir, ne diffère de celle après avoir agi, qu'en ce que, dans le premier cas, elle est double de celle du second ; ce qui donne

$$\frac{a\,b\,c\,k\,\mathrm{V}^2}{4} = \text{un demi } \frac{a\,b\,c\,\mathrm{V}^2}{2\,g},$$

ou
$$k = \frac{1}{g},$$

et pour l'équation des roues à aubes :

$$p\,u = \frac{a\,b\,c}{g}\,\mathrm{V}\,(\mathrm{V}-v)\,v.$$

Dans la pratique, les roues hydrauliques n'atteignent jamais cette valeur ; et pour l'employer sûrement, au moyen du frein de M. Prony ou de tout autre appareil, il est nécessaire de s'assurer dans quel rapport la roue que l'on a à sa disposition se trouve au-dessous de la vérité.

Cette même opération servira aux roues à aubes dans un courant indéfini, en faisant c égale 1, et en désignant par a la largeur de l'aube, et par b la quantité dont elle est immergée.

D'après les expériences de Bossut, le maximum d'effet se trouve lorsque la vitesse de la roue est les deux cinquièmes de celle du courant. A la vérité, nous n'avons pas fait entrer dans notre théorie la perte de force occasionée par les frottemens ; ce qui rendrait le rapport un demi plus petit et plus approchant de celui de l'expérience. Les expériences de Sméaton (page 10) donnent des résultats qui varient entre 0,35 et 0,50.

Cette vitesse n'est donc que les quatre cinquièmes environ de celle déduite de la théorie.

Dans les expériences de Sméaton, la force utilisée ou transmise à la roue n'est guère que le tiers de la force dépensée. Ainsi cette force n'est que les deux tiers de celle de la théorie.

Conséquences et règles déduites de la formule des roues hydrauliques à aubes.

Pour déduire les conséquences et les règles de la formule des roues hydrauliques à aubes, nous supposerons une roue hydraulique à aubes, mue dans un coursier, et employée à soulever un poids P avec une vitesse a, nous aurons :

$$P\,u = \frac{a\,b\,c\,V}{g}\,(V - v)\,v.$$

Quand l'on regarde V *et* v *comme constans, et que l'on ne laisse varier que la quantité* abc *, la force transmise à la roue est proportionnelle à la quantité d'eau dépensée;* conséquence qui revient à la première règle de Sméaton. *Dans le cas du maximum d'effet, la charge virtuelle ou effective étant la même, l'effet est à peu près comme la quantité d'eau dépensée* (1).

Si l'on fait $\dfrac{a\,b\,c\,V}{g}$ égale une quantité constante, on a D, et que de plus l'on suppose V égale rv, r étant aussi une quantité constante, on aura

$$P u = D\,(r - 1)\,v^2$$

C'est-à-dire que quand la dépense de l'eau faite par la vanne sera constante, et que le rapport de la vitesse de la roue à la vitesse du fluide sera aussi constant, on aura toujours la force, utilisée par la roue, proportionnelle au carré de la vitesse de cette roue, comme dans le cas du maximum d'effet.

Ce qui est la troisième règle de Sméaton, con-

---

(1) Comme les règles de Sméaton n'ont été déduites que des résultats de ses expériences, nous avons cru les devoir comparer avec la formule théorique.

çue en ces termes : *La dépense d'eau étant la même, l'effet est à peu près comme le carré de la vitesse.* Si l'on fait attention que la charge virtuelle ou la hauteur H est égale à $\dfrac{V^2}{2\,g}$, on aura encore la seconde règle de Sméaton : *La dépense d'eau étant la même, l'effet est à peu près comme la hauteur de la charge virtuelle ou effective.* Il faut faire attention que toutes les règles de Sméaton sont déduites du cas du maximum d'effet, ce qui est un cas particulier de notre supposition de r constante.

Si en conservant V égale rv, on fait $\dfrac{a\,b\,c\,v}{g}$ constant ou égal à D′, l'équation de la roue à aubes prendra la forme

$$P\,u = D'(V - v)\,V\,;$$

et en substituant la valeur de v, on trouvera :

$$P\,u = D'\left(\frac{r-1}{r}\right)V^2\,;$$

C'est-à-dire que *quand la vitesse de la roue et du fluide resteront dans un rapport constant, et que l'on conservera le produit de l'ouverture de la vanne par la vitesse de la roue constante, la force utilisée croîtra comme le carré des vitesses de la roue ou du fluide.*

Dans l'équation générale

$$P\,u = \frac{a\,b\,c\,V}{g}\,(V - v)\,v.$$

6

substituons pour V sa valeur rv, nous aurons :

$$v = \sqrt[3]{\frac{p\,u\,g}{a\,b\,c\,(r-1)\,r}}\,,$$

et

$$V = \sqrt[3]{\frac{p\,u\,g\,.\,r^2}{a\,b\,c\,(r-1)}}\,,$$

Ce qui nous indique que *quand le rapport de la vitesse de la roue à la vitesse du fluide sera constante, les vitesses de la roue et du fluide croîtront comme les racines cubiques des forces utilisées, pourvu que l'ouverture de la vanne reste aussi constante;* ce qui est la quatrième et dernière règle de Sméaton pour les roues à aubes mues par l'eau, et sa troisième règle pour les moulins à vent.

Pour une autre vitesse V', on aura les équations

$$v' = \sqrt[3]{\frac{p'\,u'\,g}{a\,b\,c\,(r'-1)\,r'}}\,,$$

et

$$V' = \sqrt[3]{\frac{p'\,u'\,g\,r^2}{a\,b\,c\,(r'-1)}}\,;$$

et par conséquent

$$\frac{v^3}{v'^3} = \frac{p\,u\,(r'-1)\,r'}{p'\,u'\,(r-1)\,r}\,,$$

et

$$\frac{V^3}{V'^3} = \frac{p\,u\,r^2\,(r'-1)}{p'\,u'\,r'^2\,(r-1)}\,,$$

équation d'où on pourra déduire une foule d'analogies qui ne présentent d'autres difficultés que cellés de les développer ; aussi ne nous y arrête-rons pas. Nous remarquerons pourtant que

$$\frac{(r' - 1)\, r}{(r - 1)\, r'}$$

étant égal à l'unité, les deux analogies précé-dentes peuvent être mises sous la forme :

$$\frac{v^3}{v'^3} = \frac{p\ u\ r'^2}{p'u'\ r^2},$$

et

$$\frac{V^3}{V'^3} = \frac{p\ u\ r}{p'u'\ r'}.$$

Théorie des roues à aubes, en ayant égard au frottement.

Dans nos études sur les machines, nous avons établi que le frottement consommait une force proportionnelle au carré de la vitesse, et non une force proportionnelle à sa simple vitesse, comme on le croyait jusqu'alors. Ainsi la vitesse qui donne la plus grande force utilisée par le travail, n'est pas la même que celle qui donne la plus grande force transmise au récepteur dans l'hypothèse où l'on n'a pas égard au frottement ; hypothèse que l'on pourrait se permettre, sans craindre aucune erreur, si le frottement ne consommait qu'une force proportionnelle à sa simple vitesse, et s'il pouvait être assimilé à un corps matériel pouvant modifier la vitesse dont il est animé. Ainsi, en désinant par P la force utilisée par le travail,

6*

et par f le coefficient du frottement, on aura l'équation

$$K V (V - v) v - f v^3 = P (^\star),$$

d'où l'on tirera, par la différentiation, pour exprimer la vitesse qui donne le maximum d'effet utilisé par le travail, la quantité

$$v = \frac{K V^2}{2 (KV + f)}.$$

substituant cette valeur dans la valeur de P, on a

$$K V \cdot \frac{K V^2 + 2 f V}{2 (K V + f)} \cdot \frac{K V^2}{2 (K V + f)} - f \cdot \frac{K^2 V^4}{4 (KV + f)^2} = P.$$

ou en réduisant

$$\frac{K^3 V^5 + f K^2 V^4}{4 (K V + f)^2},$$

ou encore

$$\frac{K^2 V^4}{4 (K V + f)} = P,$$

expression qui donne la force utilisée pour le travail. Comme la force dépensée par le fluide est

$$\frac{K V^3}{2},$$

le rapport de la force utilisée par le travail à celle dépensée par le moteur sera donnée par l'expression

$$\frac{K V}{2 (K V + f)}.$$

(*) K désigne ici la quantité $\dfrac{a\,b\,c}{g}$.

On remarquera facilement qu'en faisant dans cette dernière expression, ainsi que dans les expressions ci-dessus, f égale zéro, on retombera sur les expressions que nous avons déjà données lorsque l'on suppose le frottement anéanti.

Pour avoir f, on fait mouvoir la machine à vide, de manière que l'uniformité du mouvement ne soit occasionée que par les frottemens ; si, dans ce cas, la vitesse du fluide et celle de la roue hydraulique sont désignées par V et v, l'équation

$$\frac{a\,b\,c}{g} \, V \, (V - v) \, v,$$

donnera la force F utilisée par le récepteur ; et en divisant cette force par le carré de la vitesse v, on aura le coefficient du frottement f. En divisant le poids de la quantité d'eau dépensée par ce même poids, augmenté du coefficient f, on aura un quotient dont la moitié donnera le rapport de la force utilisée par le travail ; parce que la quantité KV n'est rien autre chose que $\dfrac{a\,b\,c\,V}{g}$, ou le poids de la quantité d'eau dépensée dans un temps déterminé. Si la roue, au lieu d'utiliser la moitié de la force dépensée, n'utilisait que la quantité q, il faudrait calculer la quantité f, en multipliant F par q^2 ; et ensuite, pour avoir la moitié du quotient mentionné ci-dessus, il faudrait simplement le multiplier par q.

Des bateaux à vapeur mus par l'intermédiaire des roues hydrauliques à aubes.

DIFFICULTÉS.

Nous avons déjà parlé des bâtimens mus par les voiles. Pour rendre nos recherches plus intéressantes, il ne nous reste donc plus que de dire un mot des bateaux à vapeur, mus par l'intermédiaire des roues hydrauliques à aubes; sujet qui devient de plus en plus important à mesure que la civilisation fait plus de progrès; à mesure que se font sentir davantage le besoin de faciliter, de régulariser les communications des différens peuples, et la nécessité de les rapprocher, en obviant à l'inconstance et aux irrégularités du vent qui rendent les traversées et les voyages beaucoup trop longs et trop incertains. Plusieurs auteurs y ont appliqué mal à propos l'équation de Parent, mais l'exemple le plus récent et le plus remarquable du danger de cette fausse application a été donné par un ingénieur, très-recommandable d'ailleurs par les ouvrages d'art qu'il a entrepris, dans un Mémoire lu à l'Académie des Sciences, où il se propose de déterminer la puissance et la résistance du bateau à vapeur la Sainte-Catherine, qu'il a eu occasion d'observer dans un voyage, qu'il a fait de Glascow à Port-Glascow, distant de 1,940 milles anglais, dans l'espace de deux heures six minutes. Le mouvement de la marée étant insensible, on peut attribuer que les 4,13 mètres de vitesse par seconde sont dus à la force du moteur. Cet ingénieur donne encore les données suivantes :

		m.
Rayons des roues.		1,885
Largeur des aubes		1,800
Hauteur		0,340
Distance de leur centre d'action à l'axe . .		1,715
Largeur du bateau.		4,500
Tirant d'eau réduit.		1,20
Diamètre du piston.		1,80
Vitesse par seconde		1,00

Deux secondes pour faire un tour.

La vitesse du centre d'action de la roue hydraulique est donc 5,39 mètres par seconde. Il se sert, pour comparer la résistance qu'éprouve la poupe avec la pression que les aubes impriment à l'eau, de l'équation

$$S (v - u)^2 = Q u^2$$

analogue à celles que nous avons déduites précédemment (page 64) pour un bateau poussé par les voiles, où Q désigne la surface plane qui sert de base à la surface courbe de la proue immergée dans l'eau, S la surface plane des aubes, u la vitesse du bateau, enfin ($v-u$) la différence de vitesse de la roue hydraulique et du bateau.

Les données précédentes lui donnent d'abord

$$10,7 \ Q = S,$$

ce qui lui fait conclure que la résistance de la proue n'était que le dixième de celle des aubes. Pour chercher le véritable rapport, il les compare à surfaces égales ; et il prend la surface du maître-couple égale à 4,50 multiplié par 1,20 ou à 5,40, et celle des aubes à 0,612. Ensuite il suppose qu'il y ait une aube et demie agissant à la fois de chaque côté, ce qui certainement est au-dessus de la réalité, puisqu'elles sont disposées de manière que lorsqu'une d'elles est perpendiculaire au courant, les deux autres touchent par leurs bords la surface de l'eau ; le rapport de la surface du maître-couple à la surface des aubes est, suivant lui, de 5,400 à 1,836, et par conséquent l'on a

$$10,7 \ \frac{6400}{1836} = 31,4,$$

d'où il conclut enfin que la résistance de la carêne, en vertu de sa bonne construction, n'est que le trente-unième environ d'une surface égale directe et perpendiculaire au courant, comme on peut supposer que sont les aubes. Conclusion qui n'étonne nullement cet ingénieur, mais qui étonnerait bien tous ceux qui ont fait, avant lui, des expériences directes à ce sujet. Ainsi, Borda et Hutton ont trouvé par leurs expériences, tant sur l'eau que sur l'air, pour la résistance de la surface convexe de la sphère, les deux cinquièmes de celle que présente son grand cercle. Dubuat, par les oscillations du pendule, a trouvé que cette résistance n'était que $\frac{1}{2,86}$. Bossut a construit une carêne qui ne lui a offert qu'une résistance de 94 à 342 ou de 1 à 3,638. Enfin une société instituée en Angleterre en 1793, pour le perfectionnement de l'architecture navale, a trouvé que l'on pouvait réduire ce rapport à celui de 60 à 2,52 ou de 1 à 4,2. Que diraient donc toutes ces personnes, si en lisant le mémoire de cet ingénieur, ils s'entendaient accuser d'avoir commis des erreurs si graves, que les résultats, qu'ils avaient donnés au public, et qu'ils avaient obtenus par des méthodes tout-à-fait différentes et indépendantes les unes des autres, étaient à peine le huitième de ce qui avait lieu réellement. Il me semble les voir garder le silence et se contenter de lever les épaules. Borda pourtant, pourrait encore le renvoyer à l'école et à son Mémoire de 1763, sur les roues hydrauliques. Car, dans ces sortes d'expériences, une erreur d'un tiers, d'un quart, ce serait beaucoup, et cette erreur ne donnerait tout au plus que le rapport d'un à cinq environ. C'est ainsi que des personnes très-honorables d'ailleurs, en partant des principes erronés établis par leurs prédécesseurs ou par eux-mêmes, se trouvent être exposés à commettre de très-graves erreurs, à être en butte aux plaisanteries des ignorans, et à justifier les sarcasmes des Zoïles, qui s'attachent à dénigrer tous ceux qu'ils ne peuvent imiter ou surpasser. Si, lorsque l'on est parvenu à de nouveaux résultats, en partant des théories même les plus accréditées, l'on avait toujours le soin de vérifier comment ces résultats s'accordent avec les expériences déjà connues ; et l'attention de s'arrêter et de rester en suspens jusqu'à ce qu'un exament très-approfondi les ait accordées ; on parviendrait bientôt à l'époque où les praticiens et les industriels cesseraient de regarder la théorie comme un objet de pure curiosité , et à l'époque où elle serait respectée comme elle le mérite.

Théorie des bateaux à vapeur.

Si une roue hydraulique est employée à faire mouvoir un bateau, comme cela arrive dans les bateaux à vapeur , désignons par Q , la surface plane qui occasionerait la même résistance que celle du bateau ; et, par S , la surface des aubes ; et supposons en outre, que la vitesse du centre d'action de la roue hydraulique soit v , et que celle du bateau soit u.

Le nombre des molécules d'eau qui passeront sur l'axe de la roue, sera proportionnel à u, et $S'u$ désignera la quantité d'eau dépensée ; de plus , les aubes ayant une vitesse v , et l'eau fuyant avec une vitesse u , la force avec laquelle les aubes frapperont l'eau , sera proportionnelle à $v - u$; et comme la roue jouit de la vitesse v , on aura pour la force qui anime la roue hydraulique , l'équation

$$\frac{S\,v\,(v - u)\,u}{g}.$$

or , cette force est identique avec celle que la résistance de la proue oppose au mouvement du bateau et qui est égale à

$$\frac{Q\,u^3}{2g} ,$$

ce qui donne l'équation

$$\frac{Q\,u^3}{2g} = \frac{S\,v\,(v-u)\,u}{g},$$

qui se réduit d'abord à

$$Q\,u^2 = 2\,S\,(v-u)\,v,$$

et qui en faisant $v = ur$ se réduit encore à

$$Q = 2\,S\,r\,(r-1),$$

conséquence de cette théorie.

Ainsi toutes les fois que le tirant d'eau d'un bateau ne changera pas et que la surface des aubes sera toujours immergée de la même quantité, lorsque le mouvement deviendra uniforme, la vitesse des aubes et la vitesse du bateau seront toujours dans un rapport constant.

Le rapport de la vitesse des aubes à la vitesse du bateau ne dépendant que du rapport de Q à S ; il est très-important de déterminer par l'expérience, quelle est pour chaque bateau la grandeur de la quantité Q , pour y proportionner celle de la quantité S.

Comme le plus grand rapport de la force utilisée à la force dépensée a lieu pour la roue à aubes, quand la vitesse de cette roue est la moitié de celle du courant ; de même, dans les bateaux à vapeur qui vont par l'intermédiaire des roues à aubes, pour utiliser le mieux possible la force motrice, il faut que la vitesse de la roue à aubes soit le double de celle du bateau , ce qui donne r égale 2 et par conséquent

$$Q = 4\,S.$$

Ainsi, pour profiter le mieux possible de la force motrice, la surface plane qui fait équilibre à la résistance représentée par la carène, doit être le quadruple de celle que présentent les roues à aubes.

Si sans changer le rapport de la surface des aubes et de la surface plane qui représente la résistance de la proue, on diminuait seulement la force motrice, dans la vue de l'économiser ; on diminuerait en même temps la vitesse des aubes et la vitesse du bateau, et de plus, on les diminuerait dans le même rapport, ce qui ferait que la force motrice consommée inutilement resterait dans la même proportion par rapport à celle utilisée pour le mouvement du bateau ; il faut bien faire attention que dans cette force consommée inutilement n'entre pas celle consommée par les frottemens, parce que celle-ci diminue toujours dans un plus grand rapport que la force motrice à mesure que le mouvement devient plus lent ; *Etudes sur les machines*. Souvent pour poursuivre un ennemi, ou pour le fuir, sans égard à la plus grande force utilisée, il peut être nécessaire de voguer avec la plus grande prestesse ; et utile de pouvoir augmenter la surface des aubes et de la rendre plus grande que le quart de la surface plane qui fait équilibre à la résistance éprouvée par la carène. Dans ce cas, on pourrait facilement se donner le moyen mécanique d'augmenter la surface des aubes, si l'on ne peut augmenter la force de la machine à vapeur ou forcer le feu sans danger.

De la manière de connaître la surface plane qui représente la résistance que la proue oppose au mouvement.

Si c'est un bateau à vapeur qui est déjà cons-truit, et que l'on veuille changer les dimensions des aubes de la roue hydraulique, dans la vue de l'améliorer, rien n'est plus simple ; il suffit de faire marcher le bateau, et de mesurer bien exac-tement l'espace parcouru par le bateau, pendant que la roue hydraulique fait un certain nombre de tours. Mais il faudra bien faire attention que le temps pendant lequel l'on fera l'opération, soit très-calme, et que l'eau n'ait aucun mouve-ment particulier ou aucun courant, conditions que l'on ne peut obtenir réunies que sur les bords de la mer ou que sur des étangs. Il arrivera bien souvent que quand le bateau à vapeur sera destiné à se mouvoir sur un fleuve, on ne pourra se procurer ces deux conditions ; l'on verra plus bas le moyen d'y suppléer.

Lorsque le bateau ne sera que construit et qu'il s'agira de déterminer la grandeur de la roue à aubes et la force de la machine, si l'on peut armer le bateau d'une voile, pour connaître la résistance que la proue occasione au mouvement, il fau-dra recourir à la méthode que nous avons exposée.

Si les circonstances ne permettent pas d'employer cette méthode, ou que le bateau ne soit pas encore construit , on pourra prendre , pour représenter la surface plane, qui offre la même résistance que la proue , le produit de la surface plane du maître couple , que l'on supposera immergée , par la quantité 0,2381 ; parce que telle est l'expression, que la société instituée en Angleterre en 1793 , pour le perfectionnement de l'architecture navale , a trouvée pour exprimer la résistance de la surface de la proue , à la surface plane qui lui servait de base ; et en divisant ensuite par quatre , le produit précédent, on aura la surface plane que doivent avoir les aubes.

De l'économie de force motrice que peut occasioner un changement dans la grandeur des aubes, et détermination de la grandeur la plus convenable.

En supposant que la vitesse de la roue hydraulique ne change pas, quelle que soit la vitesse du bateau , on peut se proposer de chercher les changemens à apporter dans les dimensions des aubes, pour que , par l'effet de l'impulsion , la perte de force soit la moindre possible ; et cela , sans avoir cherché *à priori* à déterminer la résistance de la surface courbe de l'avant du bateau : cas qui peut se présenter lorsqu'il s'agit de faire les modifications dans un bateau , sans avoir ce bateau sous les yeux, et sans connaître exactement la surface plane de la portion immergée du maître-couple; et cas qui se présente, en effet, pour les bateaux, rapportés comme exemple, par M. Marestier, excellent ingénieur maritime, dans son Mémoire sur les Bateaux à vapeur, dans lequel il a bien mentionné les largeurs des bateaux, et les tirans d'eau; mais dans lequel il a négligé de donner la figure exacte du maître-couple, ce qui empêche d'en déduire exactement la surface de la portion immergée de ce maître-couple.

Représentons par ur la vitesse de la roue hydraulique, et par u celle du bateau, pour que la vitesse du bateau ne soit plus que la moitié de la vitesse de la roue hydraulique, ou un demi ur, il faut satisfaire à la valeur de S' contenue dans les deux équations (page 91).

$$Q = 2\,S\,.\,r\,(r-1)$$
$$Q = 4\,S',$$

ou à l'équation

$$S' = S\,\frac{r\,(r-1)}{2},$$

qui donnera la nouvelle surface que doivent avoir les aubes.

La force qui anime la roue à aubes dans le premier système, sera

$$S\,.\,ur\,.\,u\,(ur-u),$$

et dans le second

$$\frac{S\,r\,(r-1)}{2}\,.\,ur\,.\,\left(\frac{ur}{2}\right)^2,$$

ou en simplifiant, si, dans le premier système, la force est exprimée par

$$u^3 \, r \; (r-1),$$

et dans le second elle le sera par

$$r \, (r-1) \cdot \left(\frac{u\,r}{2}\right)^3 ;$$

et enfin, si, dans le premier système, la force est exprimée par l'unité, dans le second elle le sera par $\dfrac{r^3}{8}$.

Mais il faut bien faire attention que dans ce cas là, l'espace parcouru par le premier système sera proportionnel à u, tandis que celui parcouru par le second ne le sera qu'à $\dfrac{u\,r}{2}$; et pour que l'espace parcouru dans les deux systèmes soit le même, on dépensera dans le nouveau système une force représentée par $\dfrac{r^2}{4}$, tandis que l'on dépensera une unité de force dans le premier système, et encore dans cet avantage nous n'avons pas compris en faveur du nouveau système la diminution de la force consommée par les frottemens.

Si pour fixer les idées précédentes nous prenons pour exemple particulier le bateau à vapeur *united states* qui, d'après les données de M. Marestier, avait une vitesse de 5,5 mètres par seconde, pendant que la vitesse du centre d'action de la roue hydraulique était de 4,137, ce qui donne le rapport des vitesses 1,2536, et pour $\dfrac{r^2}{4}$, la valeur 0,3927 ; ainsi par la correction dans la grandeur des aubes, on réduirait la dépense de force aux deux cinquièmes de celle que l'on consommait lors de la visite de M. Marestier.

De la comparaison de notre théorie avec l'expérience.

Dans l'exemple rapporté précédemment, et qui a donné, par un calcul inexact, une pression pour la proue beaucoup trop faible, on avait la vitesse du centre d'action de la roue hydraulique, 5,39 ; la vitesse du bateau, 4,13 ; la surface du maître-couple, 5,40 ; enfin, la surface des aubes des deux roues, 1,224 : valeurs qui, substituées dans la formule

$$Q = 2\,S\,r\,(r - 1),$$

donnent, pour Q : 5,541, lorsque S est représentée par l'unité ; et cette donnée se rapproche assez des données trouvées directement par Bossut et par la commission de Londres, pour que la différence puisse être attribuée à quelques inexactitudes dans les données.

Nous avons appliqué encore la même formule à quelques exemples rapportés par M. Marestier, et dont nous donnons les résultats dans le tableau (2e). La deuxième colonne y exprime le diamètre extérieur des roues ; la cinquième, le nombre des tours de roues par minute ; la sixième, la vitesse

7

du centre d'action déterminé non par la moyenne entre le rayon inférieur et le rayon extérieur de la roue, mais bien par la considération que, si l'on supposait l'aube étendue jusqu'au centre, le centre d'action se trouverait aux deux tiers du rayon. La huitième colonne donne les rapports de vitesse du centre d'action de la roue hydraulique avec la vitesse du bateau. La onzième colonne donne les valeurs de l'expression $2\,S\,(r-1)\,r$. Enfin la douzième colonne donne les rapports de ces dernières valeurs avec le produit de la largeur du bateau, par le tirant d'eau. Nous remarquerons que ces valeurs ne sont pas très-identiques, cela doit venir, en grande partie, de ce que les produits de la largeur par le tirant d'eau, ne donnent pas exactement la surface de la portion immergée du maître-couple, et de ce que ces produits sont toujours plus considérables; cela peut encore provenir de la surface des bateaux : car s'ils sont doublés en cuivre, ils doivent présenter moins de résistance. De plus, il y a des maîtres-couples qui sont presque rectangulaires; ce sont les plus anciens, comme l'indique le défaut de date de la construction dans la dernière colonne, et ce sont aussi ceux qui ont dû donner les valeurs les plus petites; car ce n'est que depuis 1813 que l'on a commencé à donner aux bateaux à vapeur la forme des vaisseaux ordinaires, et *le Sultan* en a été le premier exemple.

Comparaison de la force qui anime la roue hydraulique, avec celle de la machine à vapeur.

Quoique nous ne puissions pas encore faire entrer en considération dans notre théorie la force de la machine à vapeur, les données de M. Marestier nous permettent pourtant de trouver le rapport de la force qui anime la roue hydraulique, avec la force de la machine à vapeur.

Pour trouver la force d'une machine à vapeur, l'on multiplie la surface du piston par la hauteur de la colonne de mercure; ce qui donne, par le moyen d'un volume de mercure, la pression qui affecte le piston de la machine à vapeur. Pour avoir cette pression en mètres cubes d'eau, il faut multiplier le volume précédent par la quantité qui exprime le rapport de la densité du mercure à la densité de l'eau. Et l'on obtiendra la force de la machine à vapeur en multipliant la pression exprimée en mètres cubes d'eau, par la vitesse du piston. C'est en agissant de cette manière que l'on a calculé la dépense de la machine à vapeur. Les forces de la roue hydraulique ont été calculées par la formule

$$\frac{S\,(r-1)\,ru^i}{g}$$

Quelques-unes de ces forces sont trop faibles, parce que le bateau naviguait dans la mer au lieu de naviguer dans une rivière ; mais il eût été assez minutieux de faire attention à cette différence.

Les rapports de force varient assez ; il est probable qu'en apportant une plus grande attention dans le relevé des données, on en éviterait une grande partie ; et l'on sait que ce relevé n'est pas très-facile, quand on n'est pas maître de la machine, et que l'on a à lutter contre cet esprit de méfiance dont les industriels sont généralement affectés, et dont la destruction ne pourra s'effectuer qu'avec les progrès des lumières. En ôtant, avant de prendre la moyenne, les deux plus grands résultats et les deux plus petits, on trouve, pour le rapport moyen, 2,5025. Ce qui nous indique, que communément la force qui anime la roue hydraulique n'est que les deux cinquièmes de celles de la machine à vapeur. En rapprochant ce résultat de celui trouvé par Sméaton, pour les roues hydrauliques mues par un courant, on voit que la machine à vapeur, pour transmettre le mouvement à la roue hydraulique du bateau, consomme inutilement à peu près la même force qu'un courant, pour mouvoir une roue hydraulique à aubes ordinaires.

En se servant à l'ordinaire de la formule de Parent, la force de la roue hydraulique serait beaucoup plus faible, et elle ne serait guère que le quinzième de la force de la machine à vapeur.

Du mouvement du bateau à vapeur dans un courant.

Dans le cas où le bateau à vapeur se trouve dans un courant ayant une vitesse w dans le sens du mouvement du bateau, si l'on cherche à connaître la vitesse de ce dernier par le jet de Loth, on n'aura que le nombre de nœuds qui indique la vitesse $u-w$ et non la vitesse u du bateau par rapport à un point fixe du rivage. Cette dernière ne pourra se reconnaître que par la connaissance *à priori* de la distance qui sépare le lieu du départ et le lieu de l'arrivée, et par la mesure du temps employé à parcourir cette distance.

En désignant toujours par v la vitesse de la roue, la force de cette roue sera représentée par la quantité

$$\frac{S r\,(u-w)\,(v-u+w)}{g}\,;$$

Elle n'aura d'autre résistance à surmonter que celle exprimée par la quantité

$$\frac{Q\,(u-w)^3}{2g}\,,$$

d'où l'on tirera l'équation

$$Q\,(u-w)^2 = 2\,S\,v\,(v-u+w).$$

Si, au lieu d'être favorable, le courant était contraire, on aurait

$$Q\,(u+w)^2 = 2\,S\,v\,(v-u-w):$$

Ces deux équations ne permettent de connaître

l'existence du courant que par la connaissance de la vitesse totale du bateau, désignée ici par u. De la connaissance de Q et S on déduira facilement alors celle de w par l'équation

$$w = \frac{u\,Q + S\,v \pm v\,\sqrt{2\,SQ + S^2}}{Q},$$

quand le courant sera favorable ;
et par celle

$$w = \frac{-(u\,Q + S\,v) \pm v\,\sqrt{2\,SQ + S^2}}{Q},$$

quand le courant sera défavorable.

De la manière de connaître la résistance que présente la proue lorsqu'il y a un courant.

Quand un bateau est destiné sur un fleuve, on ne peut trouver aucune surface liquide telle qu'un lac ou la mer, pour connaître la résistance que présente la proue au mouvement du bateau. L'on est forcé, pour faire l'opération, de se borner à exiger un temps calme et que l'air n'ait aucune agitation. Alors l'on fait parcourir au bateau, en montant et en descendant, le même espace mesuré d'avance, et l'on compte le temps écoulé et le nombre de tours que la roue hydraulique a faits pendant que ces deux courses ont été effectuées, en observant de suivre aussi identiquement que possible les mêmes sinuosités. L'on ôte ensuite les deux roues hydrauliques, et l'on abandonne le bateau au courant, en lui faisant suivre le même chemin et les mêmes sinuosités que dans les deux premières courses, et l'on se contente d'observer le temps écoulé. Comme, en montant et en descendant, le bateau ne présente pas la même surface au courant, et par conséquent la même résistance, il serait bon de refaire cette dernière opération en présentant l'avant du bateau au courant, c'est-à-dire en le faisant marcher à reculons ; et l'on aurait ainsi la valeur de la vitesse du courant pour la descente et la remonte du bateau, et pour déterminer les valeurs de Q et de S au moyen des deux équations ci-dessus.

Des moulins à vent.

Nos lecteurs s'étonneront peut-être de nous voir passer de l'étude des roues verticales à aubes, à l'étude des moulins à vent. Mais s'ils font attention que dans les deux cas le moteur agit par impulsion sur le récepteur, ils se garderont de prononcer avant que nous ayons expliqué notre manière d'agir. En effet, quoique dans les roues à aubes qui vont par le moyen de l'eau, l'eau motrice n'agit que sur une partie de la roue, et que dans les moulins à vent, la roue est environnée de toutes parts par le fluide moteur, ces deux espèces de roues et leurs effets mécaniques sont régis pourtant par des équations semblables, pour ne pas dire presque identiques, comme nous le prouverons ci-dessous ; et l'on conçoit ainsi, comment l'étude des roues mues par le vent peut jeter du jour sur la théorie du cas général des roues à aubes ou des turbines.

Dans les machines mises en action par les eaux, les effets dépendent de la quantité de ces eaux et des hauteurs d'où elles peuvent tomber ; elles ne peuvent suffire dans les pays de plaines à tous les besoins des habitans, parce que les rivières et les ruisseaux y ont peu de pente ; et l'on est obligé d'avoir recours pour y suppléer, à l'action des vents, qui n'étant pas arrêtés par les montagnes, y soufflent plus régulièrement et plus uniformément qu'ailleurs ; c'est ce que l'on remarque en Flandre, en Hollande, et dans tous les pays de plaines, où les campagnes sont couvertes de moulins à vent, et où les moulins à eau ne peuvent être établis qu'à des intervalles très-considérables, sans nuire à la navigation et occasioner des débordemens.

Du vent considéré comme force motrice.

Expliquer comment se produit le vent, ou le mouvement de translation plus ou moins rapide que subissent certaines portions de l'atmosphère ; développer comment ce mouvement de translation est altéré dans sa direction et dans sa force par les différens accidens de la surface terrestre ; c'est une question qui n'a pas été résolue complètement jusqu'ici, et qui d'ailleurs nous écarterait trop long-temps de notre sujet, quand même elle ne serait pas au-dessus de nos forces. Qu'il nous suffise de remarquer que ce moteur, tant par les causes qui l'engendrent, que par les résistances qu'il éprouve, est sujet à varier continuellement d'une manière si irrégulière et si considérable, que, quoiqu'au premier abord, il paraisse le moins dispendieux de tous, il est pourtant le dernier auquel on doive avoir recours. Un exemple nous en est offert par les meuniers près Paris qui ne s'enrichissent pas, à cause des nombreuses interruptions qu'éprouvent ces sortes de moulins.

Le nombre de points où l'on peut faire agir ce moteur, est très-considérable. Il n'en est pas de même de l'eau ; mais l'eau, on la rassemble, on en dirige, on en ménage la force et l'on en obtient des effets assez réguliers. L'action du vent, il faut la prendre telle qu'elle est, lorsqu'elle paraît, sans pouvoir influer ni sur sa force absolue, ni sur sa direction, et le moteur fait un travail aussi irrégulier que lui-même.

Toutes les opérations mécaniques qui exigent une action constante, une puissance motrice régulière et uniforme ; toutes celles qui demandent la participation et le concours d'une grande main d'œuvre, ne peuvent par conséquent être confiées à ce moteur. Il ne convient qu'à certaines opérations qui ne demandent que le concours de peu de bras, et dont le travail peut augmenter, diminuer, s'interrompre sans inconvénient, comme

les moulins à farine, à huile, et les machines à
irrigation.

De la force nécessaire à une roue de moulin à vent pour sortir de l'état du repos.

Supposons (*fig.* 5) que AC représente l'arbre du
moulin à vent, AB la coupe du plan de rotation
des ailes par un plan passant par l'axe de ces ailes,
et AD la coupe d'une des ailes par ce même plan ;
l'angle DAB représentera l'angle que fait l'aile
avec le plan de rotation. Supposons que MN désigne la vitesse du vent et sa force ; cette force du
point N, à cause de la résistance de l'aile, se dé-
composera en deux autres, l'une NP perpendiculaire à la face de l'aile, et qui tendra à la faire
mouvoir, et l'autre MP parallèle à la même face
et qui ne contribuera en rien à son mouvement.
Mais la force de l'aile, dans le sens du mouvement de rotation, ne sera pas entièrement représentée par NP ; car elle se décompose encore en
deux autres, l'une NQ perpendiculaire à AB, et
qui ne contribue en rien au mouvement de rotation, et l'autre QP parallèle à AB et qui est la
seule qui influe sur ce mouvement. Si nous représentons par Q l'angle DAB, nous aurons

$$QP = \cos.\ \text{æ} \sin.\ \text{æ}\ MN\ ;$$

et si l'on suppose que la projection AB de l'aile
AD sur le plan de rotation soit constante, c'est-à-
dire, que le volume d'air qui agit sur la roue, soit

toujours le même, l'expression précédente contiendra tout ce qu'il faudra pour déterminer l'inclinaison de l'aile la plus favorable, et l'on verra facilement que cela a lieu quand $cos.\ \alpha = sin.\ \alpha$, c'est-à-dire, quand l'angle d'inclinaison est de 45 degrés.

Mais si, au lieu de supposer la projection de l'aile AD sur le plan de rotation toujours de la même grandeur, on n'avait regardé comme constante que la surface de l'aile, pour avoir l'angle du maximum d'effet, il aurait fallu considérer l'expression

$$\text{Cos.}^2\alpha\ \sin.\ \alpha\ \text{MN} \times \text{AD};$$

et traiter par la méthode des *maxima* et *minima* la quantité

$$cos.^2\alpha\ sin.\ \alpha,$$

qui donne pour l'expression de l'angle du maximum d'effet la valeur

$$\cos.\ \alpha = \sqrt{\frac{2}{3}},$$

ou
$$\alpha = 35°\ 16'.$$

Quoique cette quantité, trouvée par Parent, ne donne le maximum d'impulsion que pour le seul instant où le mouvement va commencer, Bélidor et Pitot l'adoptèrent pour l'inclinaison des ailes lors de l'état du mouvement. Daniel Bernouilli paraît avoir fait le premier cette remarque en 1738, et avoir cherché à déterminer les conditions du maximum d'effet en ayant égard dans le calcul à la vitesse de l'aile par rapport à celle du vent. Maclaurin reprit la même question en 1742, et considérant un seul élément transversal, il détermina, par une application de la méthode des fluxions, et une construction géométrique aussi simple qu'élégante, la tangente de l'angle sous lequel cet élément doit être frappé par le vent pour en recevoir la plus grande impulsion.

De l'inclinaison des ailes lors du mouvement.

Ainsi, pour résoudre le problème, supposons (fig. 6) une roue hydraulique horizontale à aubes inclinées et dont l'arbre vertical AB soit parallèle à la direction *pm* de l'eau motrice; supposons en outre que *pm* représente la vitesse de l'eau par seconde, et *no* la vitesse de la roue dans le même temps; en désignant par *œ*, l'angle que fait l'aube plane avec le plan horizontal, *no . tang. œ* exprimera la quantité du chemin que l'aube a fait dans le sens du fluide, pendant que ce fluide a parcouru l'espace *pm;* ainsi, la force d'impulsion du fluide contre la roue sera proportionnelle à V — *v tang. œ*: V désignant la vitesse du fluide et *v* celle de la roue. De plus, cette force d'impulsion sera encore proportionnelle à la surface de l'aube et à la vitesse du fluide; ou, en désignant, par *n*, le nombre des aubes, l'impulsion totale sera proportionnelle à

$$n \, S \, V \, (V - v \, \text{tang. } œ).$$

Comme la roue possède déjà, dans le sens du mouvement du fluide, une vitesse v *tang.* α ; la force acquise par cette roue sera proportionnelle à

$$n\,S\,V\,(V - v\ \text{tang.}\ \alpha)\,v\ \text{tang.}\ \alpha,$$

expression qui ne diffère pas beaucoup de celle des roues ordinaires à aubes. En désignant par P le poids soulevé, et par u la vitesse de ce poids, on aura l'équation

$$P\,u = u\,K\,S\,V\,(V - v\ tang.\ \alpha)\,v\ \text{tang.}\ \alpha,$$

K étant une constante à déterminer par l'expérience. On a multiplié la force d'impulsion par v *tang.* α et non par v, parce qu'il faut multiplier la pression de chaque élément de la roue, par la vitesse de cet élement dans le sens du mouvement du fluide, et non par celle de cet élément dans le sens du mouvement de rotation de la roue.

Le maximum d'effet aura lieu quand $V - v$ *tang.* α égalera v *tang.* α ou quand

$$v = \frac{V}{2\ \text{tang.}\ \alpha}.$$

C'est l'expression qu'Euler (*Mémoires de l'Académie de Berlin, année* 1752), trouve pour la plus grande vitesse que l'aile puisse acquérir à son extrémité. Ce résultat indique que la vitesse de l'aile doit être d'autant plus considérable que cet angle approche davantage de quatre-vingt-dix degrés, limite à laquelle elle ne peut jamais parvenir, puisqu'alors la vitesse de l'aile serait infinie ; ce qui est une condition impossible.

Substituant cette valeur dans l'équation ci-dessus, elle devient

$$P\,u = u\,k\,S\ \frac{V^3}{4}.$$

Ainsi, lors du maximum d'effet, le produit est constant et indépendant de l'inclinaison de l'aile, et contraire au résultat d'Euler, qui le fait proportionnel au cube du *cosinus* de l'angle d'inclinaison. L'expression

$$v\ \text{tang.}\ \alpha = \frac{V}{2},$$

qui contient les conditions du maximum d'effet, indique que l'on peut obtenir ce maximum d'effet avec toutes sortes d'inclinaisons, pourvu que la vitesse de l'aube multipliée par la tangente de l'angle d'inclinaison reste constante.

Quand l'aile a une certaine longueur dans le sens perpendiculaire à l'axe de rotation, si l'on remplit la condition pour une certaine partie de sa longueur ou pour un certain élément transversal, les autres élémens transversaux ne seront pas aussi bien disposés et ne donneront pas le maximum d'effet, s'ils n'ont une inclinaison différente de celui pris pour module. Ainsi les tangentes des différentes inclinaisons de chaque élément transversal devront varier et diminuer en raison de leurs distances à l'axe de rotation. Et une inclinaison ayant été fixée pour un élément, toutes les autres en dépendent. Cette conclusion est formellement contraire à celle de Daniel Bernouilli. Et quoique Maclaurin ait rectifié à cet égard l'erreur de ce dernier, et qu'il ait reconnu que l'inclinaison des élémens transversaux de la voile, doit croître depuis l'origine des ailes jusqu'à son extrémité supérieure, pourtant l'expression qui donne la loi de la variation de cette inclinaison n'est pas la même, ni aussi simple que celle ci-dessus.

Accord de la théorie avec les expériences de Sméaton.

Avant d'aller plus loin, il ne sera pas inutile de voir comment l'équation ci-dessus s'accorde avec les lois que Sméaton a déduites de ces expériences. Pour les exécuter, cet observateur se servit d'un modèle de moulin à vent dont l'axe était fixé à l'extrémité d'un bras de levier qui était lui-même implanté dans un cylindre vertical mobile autour de son axe; de sorte qu'en imprimant un mouvement de rotation à ce cylindre, le levier horizontal qui le traversait, emportait les ailes du moulin à vent et les poussait contre l'air ambiant avec plus ou moins de vitesse; cette impulsion les faisait tourner, et leur faisait élever un certain poids, au moyen d'un cordon qui s'enroulait sur l'arbre de la machine.

Quelques personnes pourraient craindre que cet appareil qui offre l'avantage de pouvoir être employé avec facilité, ait le défaut, lorsque les ailes se meuvent avec une certaine vitesse, d'entraîner une portion de l'air ambiant dans le même sens, de diminuer nécessairement l'impulsion qu'elles reçoivent, et d'apporter quelques différences entre les résultats obtenus et ceux que l'on obtiendrait si l'arbre de la machine était fixe, et que les ailes fussent exposées à un courant d'air, comme cela a lieu dans les moulins exécutés en grand. Nous croyons que cette crainte est peu fondée, à cause qu'il n'y a qu'un seul moulin, et que le bras de levier est assez long, pour laisser à l'air le temps de se reposer. D'ailleurs, quand même l'air recevrait un mouvement quelconque, cet air tendrait à s'échapper par la force centrifuge et par la tangente, et serait remplacé par l'air qui se trouverait au-dessus et au-dessous de l'appareil et sur les côtés; de manière que le mouvement de l'air se ferait dans le sens des rayons, et dans un sens perpendiculaire à l'appareil.

Un autre reproche plus important, serait d'avoir mis son cylindre en mouvement avec la main, ce qui l'empêche d'avoir un mouvement aussi régulier et aussi uniforme que s'il s'était servi d'un contre-poids. Ce serait encore, d'avoir comparé tous ces résultats sans faire attention que ces ailes étant différemment inclinées sur le plan de rotation, n'interceptaient pas toujours le même volume d'air, mais vu le peu de différence entre les différentes inclinaisons, ces conséquences n'en ont été que peu altérées.

Règle première. La vitesse des ailes d'un moulin non chargé ou chargé au *maximum* d'effet, est proportionnelle à la vitesse du vent, la figure des ailes et leur inclinaison étant les mêmes. Cette règle est évidente, et découle de l'équation précédente, et on peut l'exprimer en disant que, lorsque la roue est chargée au *maximum* d'effet, la vitesse de la roue reste dans le même rapport avec celle du fluide, quelle que soit cette dernière vitesse.

Règle deuxième. Les effets des mêmes ailes, lorsqu'elles produisent le *maximum* d'effet, sont un peu moindres que proportionnels au cube de la vitesse du vent.

Cette règle est conforme à notre théorie, puisque d'après ce que nous avons vu précédemment v tang. α restant dans un rapport constant avec V, on a :

$$\frac{P\,u}{P'\,u} = \frac{V^3}{V'^3}.$$

La petite différence ou anomalie que Sméaton a remarquée dans sa règle, ne provient sans doute que de ce que ses ailes n'avaient pas tout-à-fait la forme voulue par la théorie.

Règle troisième. Le poids correspondant au maximum d'effet est un peu moindre que proportionnel au carré de la vitesse du vent, la forme et la position des ailes restant les mêmes.

Pour démontrer cette règle, il suffit de supposer la vitesse du poids proportionnelle à la vitesse de la roue, et par conséquent proportionnelle à la vitesse du fluide, ce qui réduit l'égalité précédente à

$$\frac{P}{P'} = \frac{V^2}{V'^2},$$

qui démontre et généralise la règle de Sméaton, en l'étendant à tous les cas où la vitesse de la roue et la vitesse du fluide restent proportionnelles.

Règle quatrième. La charge des mêmes ailes correspondant au *maximum* d'effet est à peu près comme le carré, et leur effet comme le **cube** du nombre de leurs révolutions dans un temps donné.

Cette règle n'est que la conséquence des trois précédentes.

Règle cinquième. Quand les ailes sont chargées de manière à donner le *maximum* d'effet sous une vitesse donnée, et que celle du vent vient à augmenter, la charge restant la même, 1° l'accroissement d'effet, celui de la vitesse étant supposé faible, sera à peu près comme le carré de cette vitesse; 2° quand la vitesse du vent sera double, les effets seront à peu près comme 10 à 27,5; 3° quand les vitesses comparées seront plus que doubles de celle sous laquelle le poids donné produit le *maximum*, les effets croîtront à peu près dans le rapport simple de la vitesse du vent.

Pour expliquer cette règle, prenons la formule :

$$Pu = DV\,(V - v\,\tang.\ \alpha)\,v\,\tang.\ \alpha.$$

Lors du *maximum* d'effet nous aurons :

$$P u = D \frac{V^3}{4}.$$

En supposant u proportionnel à V, de manière que l'on ait uk égale V, et en faisant attention que lors du *maximum* d'effet on a v tang. $æ$ égale $\frac{V}{2}$, l'expression ci-dessus du *maximum* d'effet prendra la forme :

$$P = D k v^2 \text{ tang. } 2\,æ.$$

Lorsque la vitesse V s'accroît de manière à devenir nV, la première équation prend la forme :

$$P u = n D V \, (n V - v \text{ tang. } æ) \, v \text{ tang. } æ.$$

Substituant dans cette formule, à la place de P, sa dernière valeur, et, à la place de u, sa valeur $\frac{v}{k}$ proportionnelle au cube de la vitesse du vent, on obtiendra :

$$V^2 = 2\,n V \, (n V - v \text{ tang. } æ),$$

D'où enfin

$$v = \frac{2 n^2 - 1}{2 n \text{ tang. } æ} V.$$

Comme tangente $æ$ multiplie également toutes les valeurs de v, pour voir la manière dont ces valeurs s'accroissent par rapport à celle de V, il est inutile de considérer tangente $æ$, et l'on peut la supposer égale à l'unité.

8^*

Tableau faisant connaître les accroisssemens de la vitesse de la roue par rapport à celle du fluide, le poids à soulever restant constant, et les frottemens étant supposés nuls.

V	ρ	RAPPORTS.
1,0	0,5000	2,000
1,1	0,6455	1,704
1,2	0,7833	1,532
1,3	0,9154	1,420
1,4	1,0425	1,343
1,5	1,1567	1,286
1,5717	1,2538	1,2538
1,6	1,2875	1,243
2,0	1,7500	1,143
3,0	2,8333	1,059
4,0	3,8750	1,032

Ce tableau n'a pas besoin d'explications; il nous apprend que, quand l'accroissement de la vitesse du vent n'est pas trop considérable et est au-dessous de 1,5717, la vitesse de la roue croît dans un plus grand rapport que le carré de la vitesse; et que quand l'accroissement de la vitesse du vent est un peu considérable et au-dessus de 1,5717, la vitesse de la roue croît dans un moindre rapport que le carré de la vitesse, et s'approche de plus en plus de rester simplement proportionnelle à la vitesse du vent, à mesure que cette vitesse est plus considérable.

Tableau faisant connaître les accroissemens de la vitesse du fluide par rapport à la vitesse de la roue, le poids à soulever restant constant, et le frottement étant supposé nul.

v	V	RAPPORTS.
1	2,0000	0,5000
1,1	2,0676	0,5320
1,2	2,1362	0,5618
1,3	2,2064	0,5892
1,4	2,2780	0,6146
1,5	2,3508	0,6381
2,0	2,7320	0,7324
3	3,5762	0,8389
4	4,4494	0,8988
5	5,3724	0,9307

Le premier tableau nous fait connaître que quand la vitesse du fluide est doublée, l'accroissement de la vitesse de la roue se fait dans le rapport de 10 à 35, au lieu de se faire dans le rapport de 10 à 27,5, assigné par Sméaton. Cette différence ne doit pas étonner; elle est une conséquence de ce que nous avons négligé le frottement de la roue, qui, d'après la théorie du frottement ordinairement reçue, serait 3,5 fois plus considérable dans le second cas que dans le premier; et qui, d'après la théorie du frottement

que nous avons développée dans nos Études sur
les machines, s'accroîtrait encore beaucoup plus,
et deviendrait environ dix à douze fois plus considérable.

Notre but pour le moment n'étant que de comparer notre théorie avec les expériences, nous ne
parlerons pas des sixième, septième et huitième
règles de Sméaton, que cet auteur n'a déduites que
par raisonnement, et non par expérience.

De la manière dont l'on doit incliner les élémens transversaux des ailes.

Pour cela, nous nous servirons de la formule

$$v \text{ tang. } œ = \frac{v}{2},$$

qui doit être satisfaite lorsque l'effet produit est
celui du *maximum* d'effet.

Pour comparer cette formule avec les variations
des inclinaisons, que Sméaton a éprouvées par
expérience, on peut diviser la longueur des ailes,
à partir du centre, en six parties égales, numé-
rotées 1, 2, 3, etc.

NUMÉROS DES ÉLÉMENS.	INCLINAISON D'APRÈS LA	
	MÉTHODE DE MACLAURIN.	THÉORIE.
1	26,34	40,60
2	20,06	22,50
3	15,41	15,41
4	12,40	11,53
5	10,53	9,34
6	9	8,00

L'inclinaison de l'aile qui se trouve à une distance moitié de la longueur, a servi de modèle dans les deux cas.

A cette méthode de Maclaurin, qui présentait, à l'action du vent, une surface convexe, Sméaton a trouvé par expérience qu'il fallait préférer la suivante :

NUMÉROS DES ÉLÉMENS.	INCLINAISON D'APRÈS	
	SMÉATON.	LA THÉORIE.
1	18	
2	19	
3	18	18
4	16	13,42
5	12,5	11,20
6	7	9,13

qui, conformément à la méthode des Hollandais,

offre à l'action du vent une surface concave, par la manière dont l'on diminue l'angle d'inclinaison des élémens transversaux.

Il est à regretter que Sméaton n'ait pas comparé sa méthode avec une surface concave inclinée, suivant la méthode de Maclaurin.

Suivant Coulomb, les ailes des moulins à vent des environs de Lille ont trente-huit pieds de longueur et six pieds de largeur. Le premier pied de la largeur est formé par une planche très-légère, et les autres cinq pieds par une toile attachée sur un châssis. La ligne de jonction de la planche et de la toile, forme du côté frappé par le vent, un angle sensiblement concave au commencement de l'aile, et qui allant toujours en diminuant, s'évanouit à l'extrémité de cette aile. La pièce de bois, qui forme le bras et soutient le châssis, est placée derrière cet angle concave. La surface de la toile forme une surface courbe, mais les constructeurs de moulins n'ont aucune règle fixe dans le tracé de cette courbure, quoiqu'ils la regardent comme le secret de l'art; et généralement on s'éloigne peu de la vérité, en supposant la surface de l'aile composée de lignes droites perpendiculaires au bras de l'aile, et répondant par leurs extrémités à l'angle concave formé par la jonction de la toile et de la planche; et en supposant encore l'autre extrémité placée de manière qu'au commencement de l'aile, à six pieds de l'arbre, les lignes droites forment un angle de 60 degrés, et qu'à la fin cet angle n'est plus que de 78 à 84 degrés, de manière que l'angle d'inclinaison varie proportionnellement à sa distance à l'axe. Cependant, le côté de châssis qui termine l'aile, d'après cette description, devrait être une ligne droite ; mais réellement le côté sous le vent est terminé par une ligne courbe, dont la plus grande concavité est de deux à trois pouces.

Cette petite courbure, ainsi que celle de la ligne de jonction de la toile et de la planche, pourrait bien avoir été d'abord l'effet de l'effort du vent, et avoir été le produit de la vétusté ; ensuite, en voulant imiter des moulins qui fonctionnaient bien, on aura cru que cette courbure était très-essentielle, et on l'aura imitée comme le reste.

Quoique ceux qui voudront construire un moulin à vent, puissent le faire facilement au moyen de la formule précédente et des tables de sinus, nous croyons leur faire plaisir en leur indiquant, dans le tableau suivant, une manière d'y satisfaire sans trop s'écarter des expériences de Sméaton et des observations de Coulomb.

Tableau faisant connaître la manière dont on peut faire varier les inclinaisons des élémens transversaux des ailes.

NUMÉROS DES ÉLÉMENS.	INCLINAISONS.		PETIT CÔTÉ.
	d.	m.	
0	3o		0,5oooo
1	3o		0,5oooo
2	3o		0,5oooo
3	3o		0,5oooo
4	23	25	0,39734
5	19	6	0,32732
6	16	6	0,27735
7	13	54	0,24019
	12	13	0,21160
9	10	54	0,18898
10	9	5o	0,17066
11	8	57	0,15554
12	8	13	0,14286

Comme l'on n'a pas toujours des tables de sinus, nous avons cru devoir ajouter, sous le nom
de *petit côté*, la longueur du côté opposé à
l'angle d'inclinaison (la largeur de l'aile étant
prise pour unité). Ainsi, au moyen de cette addition, quand l'on voudra construire une aile
d'après cette table, il suffira de décrire sur la
largeur de l'aile, comme diamètre, une demi-
circonférence ; et d'une des extrémités de ce diamètre, et avec un rayon égal au nombre de parties de ce diamètre, désignées dans la table sous

le nom de *petit côté*, l'on décrira un arc qui coupera la demi-circonférence en un point tel, qu'en le joignant avec l'autre extrémité, l'on aura le troisième côté du triangle rectangle, et, par suite, tout ce qui est nécessaire à la construction.

D'après les observations de Coulomb, les inclinaisons précédentes sont les meilleures, quand la largeur de l'aile est le sixième de sa longueur; mais peut-être il convient de diminuer ou d'augmenter cette inclinaison, suivant que la largeur de l'aile est moindre ou plus grande; parce que plus l'aile a de largeur, et moins la partie de l'air qui vient d'agir a le temps de s'échapper, avant qu'une autre partie vienne à son tour communiquer son action; et une plus grande inclinaison lui redonne le temps qu'il avait perdu, par une trop grande largeur de l'aile, temps qui lui était nécessaire pour s'écouler et pour ne pas gêner l'action des autres parties de l'air qui n'avaient pas encore agi. Ainsi, en augmentant la surface de l'aile d'un quart, par une voile triangulaire, Sméaton reconnut, par plusieurs expériences, que la position de l'aile ainsi élargie était la plus avantageuse: lorsque chaque élément transversal faisait, avec le plan du mouvement, un angle de deux degrés et demi plus grand que celui que l'on avait trouvé le plus convenable, pour l'élément correspondant, avant l'addition de la voile triangulaire.

Il faudrait encore augmenter l'inclinaison des ailes, si au lieu de se contenter de donner à la roue quatre ailes, on voulait l'armer d'un plus grand nombre, pour amoindrir, autant que possible, la circonférence extérieure. Malgré tout l'intérêt que l'on paraît avoir d'obtenir ce dernier résultat, on ne ferait pas mal, sans doute, de laisser vers la partie centrale un vide pour faciliter la circulation de l'air.

De la manière de calculer l'effort fait par des ailes à angle d'inclinaison constant.

Si, par une circonstance quelconque, l'on était obligé de calculer l'effort fait par des ailes dont l'angle d'inclinaison serait constant; il faudrait diviser l'aile en plusieurs parties égales, calculer l'effort fait par chacune d'elles, comme si c'était une aile isolée, et avoir ensuite l'attention de multiplier chacun de ces résultats par un nombre convenable, de manière à tenir compte du bras de levier de chacune de ces parties, par rapport à l'axe.

Du centre d'action des ailes ayant la forme d'un triangle, dont le sommet se trouve sur l'axe de rotation.

Quand l'aile a la forme d'un triangle dont le sommet se trouve sur l'axe de rotation; si, à partir du sommet, on divise l'aile en élémens, par des

droites parallèles à un même plan et à égale distance de ce plan ; chacune de ces sections élémentaires aura une surface et une vitesse proportionnelles à sa distance à l'axe, et par conséquent une
force proportionnelle au carré de cette distance :
cette force pourra donc être représentée par des
triangles semblables, dont les côtés seront proportionnels à leur distance à l'axe. Si l'on donnait
à chacun de ces triangles une certaine épaisseur
constante, leur ensemble formerait une pyramide
qui représenterait l'action totale de l'aile. Le point
où se trouverait le centre d'action des différens
élémens, ne serait rien autre chose que le point
de l'aile correspondant au centre de gravité de
cette pyramide, déterminé par une droite parallèle à sa base. Il serait donc situé aux trois quarts
de la longueur de l'aile, puisque le centre de gravité de la pyramide se trouve être situé aux trois
quarts de la droite, qui joint le sommet au centre
de gravité de la base.

De plus, l'on voit que les forces des ailes triangulaires semblables, sont entre elles comme les
cubes de leurs longueurs ; parce que les pyramides
semblables sont entre elles comme les cubes de
leurs côtés homologues.

Du centre d'action des ailes terminées latéralement par des droites parallèles à un plan perpendiculaire à leur axe de rotation.

Si, au lieu de donner à l'aile une forme triangulaire, comme dans le cas précédent, on lui donne une forme rectangulaire déterminée latéralement par deux droites parallèles à un plan perpendiculaire à l'axe de rotation; en divisant, à partir du centre, cette aile en parties égales, par des droites parallèles et à égale distance d'un même plan, chacune de ces sections élémentaires interceptera le même volume du vent.

Lorsque ces sections élémentaires seront soumises à l'action du vent, les pressions qu'elles recevront isolément seront identiques, mais leurs forces seront proportionnelles à leur distance de l'axe, et pourront être représentées par des droites proportionnelles à cette distance, ou par des petits rectangles ayant même largeur, et des longueurs proportionnelles à cette distance. La force totale de l'aile sera représentée par la somme de tous ces petits rectangles, dont la réunion aura une forme triangulaire d'autant plus exacte, que les petits rectangles seront plus rapprochés. Ainsi les forces des ailes de même largeur seront entre elles comme les carrés de leurs longueurs, puisqu'elles pourront être représentées par des triangles semblables, dont les côtés seront proportionnels aux longueurs des ailes.

Les centres d'action des mêmes ailes seront aux deux tiers de leurs longueurs, puisque le centre de gravité d'un triangle se trouve aux deux tiers de la droite qui joint le sommet et le milieu de la base.

Des centres d'action des ailes de même largeur et ne commençant qu'à une certaine distance de l'axe.

Quand l'aile ne commence qu'à une certaine distance de l'axe, l'on se contente ordinairement de supposer le centre d'action à la moitié de la longueur de cette aile. C'est ce que l'on pratique aussi dans la théorie des roues à aubes; mais l'on voit que cette pratique est défectueuse, et quoiqu'elle n'ait pas ordinairement beaucoup d'inconvéniens quand le rayon extérieur de la roue est assez grand par rapport à la hauteur de l'aile; pourtant il est important de pouvoir déterminer au juste la situation du centre d'action, et de pouvoir connaître l'erreur que l'on commet en lui assignant une position erronée.

Soit (*fig.* 15) AC la longueur totale depuis l'axe jusqu'à l'extrémité extérieure de l'aile, soit BC la hauteur de l'aile dont il s'agit de déterminer le centre d'action. Si l'aile s'étendait depuis A jusqu'en C, la force de l'aile serait proportionnelle à $\overline{AC}^2$, et son centre d'action serait placé aux deux tiers de AC; si AB représentait une autre aile, sa force serait de même $\overline{AB}$, et son centre d'action $\frac{2}{3}$ AB; au moyen de ces valeurs, le centre d'action de l'aile partielle BC se détermine par la règle d'alliage ou par l'expression

$$\frac{2}{3} \cdot \frac{\overline{AC}^3 - \overline{AB}^3}{\overline{AC}^2 - \overline{AB}^2},$$

et en représentant A B par l'unité, et BC par u, cette expression devient en réduisant

$$\frac{2}{3} \left(\frac{3 + 3\,u + u^2}{2 + u} \right),$$

ou en effectuant la division :

$$1 - \frac{1}{2}\,u + \frac{1}{12}\,u^2 - \frac{1}{24}\,u^3 + \frac{1}{48}\,u^4 - \text{, etc.}$$

Série très-convergente quand u est assez petit par rapport à l'unité; ainsi, quand u n'a que la valeur d'un dixième en s'arrêtant aux deux premiers termes, l'erreur commise est moindre que $\frac{1}{1200}$. Les deux premiers termes placent le centre d'action à la moitié BC, et donnent la même valeur que la méthode suivie ordinairement et de laquelle on pourra se contenter toutes les fois que BC ne sera guère que le quart ou le cinquième de AB.

Des centres d'action des ailes triangulaires semblables, et ne commençant qu'à une certaine distance de l'axe.

Supposons des ailes triangulaires semblables et ayant leurs sommets sur l'axe, et supposons que depuis l'axe jusqu'à une certaine distance de cet axe, l'on en ait supprimé une certaine partie, le centre d'action de la partie restante sera donné par l'expression

$$\frac{3}{4} \cdot \frac{\overline{AC}^4 - \overline{AB}^4}{\overline{AC}^3 - \overline{AB}^3},$$

et en représentant AC par l'unité et BC par n, cette expression devient

$$\frac{3}{4}\left(\frac{4 + 6u + 4u^2 + u^3}{3 + 3u + u^2}\right);$$

et en effectuant la division, nous trouverons la série

$$1 - \frac{1}{2}u + \frac{1}{6}u^2 + \frac{1}{12}u^3 + \frac{1}{36}u^4 -, \text{etc.}$$

qui, en calculant $\frac{1}{6}u^2$, indiquera les cas où l'on pourra se borner aux deux premiers termes, et supposer le centre d'action à la moitié de BC.

De l'inclinaison module qui donne le plus grand effet.

Le tableau suivant renferme les observations que Sméaton a faites à ce sujet.

	Angle d'incli- naison.	Nombre de tours.	Charge du *maxim.*	PRODUITS	
				de Sméaton.	rectifié.
Ailes planes	deg. 35	42	7,56	318	388,2
Ailes planes airées, suivant la pratique ordinaire	18	66	7,00	462	485,8
	15	69	6,72	464	480,4
	12	70	6,30	441	450,9

On voit, par ce tableau, que, pour juger de l'effet des différentes ailes, Sméaton s'est borné à multiplier la charge du maximum par le nombre de tours que faisait l'axe pendant un temps déterminé; et que, de plus, il n'avait pas fait attention que les ailes, n'étant pas également inclinées, n'interceptaient pas, dans leur révolution, le même cylindre d'air; et que, par conséquent, la comparaison qu'il faisait était fautive, parce que la force motrice dépensée variait. Pour avoir égard à cette dernière circonstance, et rectifier les produits de Sméaton, il suffit de les diviser par les cosinus des angles d'inclinaison; ce qui donne les nombres portés dans la cinquième colonne.

Ainsi, l'angle le plus favorable n'est pas compris entre 15 et 18 degrés, comme le prétend Sméaton; mais il est sans doute plus grand que 18 degrés, pour les cas identiques examinés par cet habile observateur.

Il est plus que probable, en effet, que cet angle varie avec la largeur et la longueur de l'aile. Nous avons déjà dit qu'en augmentant la surface de l'aile d'un quart, par une voile triangulaire, Sméaton reconnut que, pour avoir les inclinaisons des élémens transversaux, les plus favorables, il faut les augmenter de deux degrés et demi.

Sméaton a aussi tâché de voir l'effet produit par des voiles qui couvriraient la surface comprise entre les rayons; mais, au lieu d'augmenter les angles d'inclinaison d'après l'indication précédente, il s'est borné à prendre, à l'origine, une inclinaison de vingt-deux degrés, et à l'extrémité, une inclinaison seulement de douze degrés : de plus, il n'a pas assez multiplié les ailes, et les a laissées trop larges ; aussi ne doit-on pas être étonné si, pour une augmentation de surface dans le rapport de 12 à 7, il n'a obtenu qu'une augmentation d'effet dans le rapport de 9 à 7 ; et si, pour un accroissement de surface dans le rapport de 16 à 7, il n'a obtenu qu'un accroissement d'effet dans le rapport de 10 à 7.

9*

Comparaison de la force utilisée à la force dépensée, dans les expériences de Sméaton, ou de l'accord de la théorie et de l'expérience.

Prenons la douzième expérience de Sméaton, qui se trouve assez détaillée pour pouvoir procéder au calcul de la force dépensée et de la force consommée, sans craindre de commettre de grandes erreurs.

D'après les nouvelles mesures, un mètre cube d'eau pesant 1000 kilogrammes, un pouce cube anglais d'eau pèsera 0,03953 livres anglaises, et un pouce cube d'air ne pèsera que 0,00004872, à cause qu'à dix degrés Réaumur, la pesanteur spécifique de l'air n'est que 0,00123233. La surface des voiles ayant 404 pouces carrés, et la vitesse du vent étant de six pieds par seconde, l'air dépensé par seconde aura un volume de 29,088 pouces cubes, et pèsera 1,4169 livres; multipliant cette quantité par 1,2698 pieds, double de la hauteur due à la vitesse, on trouvera pour la force dépensée 1,7992.

Quant à la force utilisée, nous remarquerons que le poids étant soulevé de 11,3 pouces à chaque vingt tours, il n'est soulevé, à chaque tour, que de 0,565 pouces, ou de 0,0471 pieds.

L'arbre, faisant 73 révolutions en 52 secondes, ne faisait que 1,404 révolutions par seconde, et par conséquent l'élévation du poids à chaque seconde n'était que de 0,0471 × 1,404, ou de 0,0661 ; multipliant cette dernière quantité par 8,69 livres, poids total soulevé, on aura 0,5841 livres pour la force transmise à la roue, quantité qui n'est guère que le tiers de la force dépensée.

Si l'on voulait avoir égard à la diminution de la force dépensée, à cause de la petitesse de la surface, nous remarquerions que la longueur de l'aile couverte de la voile était de 18 pouces, et que sa largeur était de 6,6 pouces ; de plus, 0,80 pouces anglais correspondant à 0,75 pouces français, la surface centrale serait de 65,6 pouces carrés, et la moitié de la surface de pourtour, de 17,7, ce qui donnerait une surface de 82,3. Ainsi la petitesse de la surface réduirait la force dépensée, dans le rapport de 82,3 à 101 pouces, ou à 1,4661 livres ; et par conséquent la force utilisée serait égale à la force dépensée, multipliée par 0,3984 ou par deux cinquièmes.

Ainsi, l'on voit que cette espèce de roue à aubes, que l'on connaît sous le nom de *turbines*, utilise la même force dépensée, que les roues à aubes ordinaires.

Inclinaison de l'arbre.

Le vent vient le plus souvent des régions supérieures de l'atmosphère, et par conséquent, il arrive presque toujours dans une direction inclinée à l'horizon. La connaissance de cette inclinaison moyenne est très-importante, pour pouvoir la donner à l'arbre qui porte les ailes, et obtenir la situation la plus convenable. Il est probable que cet angle varie avec les différentes positions où se trouvent les moulins, par rapport aux campagnes environnantes. Coulomb a observé qu'aux environs de Lille, l'angle de l'arbre avec l'horizon variait de huit à quinze degrés.

Des roues à aubes, dont l'arbre fait avec l'horizon un angle quelconque.

Quand l'arbre d'une roue mue par l'eau fait avec l'horizon un angle quelconque, l'on pourra se servir de la théorie précédente du moulin à vent, pourvu que la direction de l'eau y arrive parallèlement à l'arbre. De plus, l'on voit que pour ne pas perdre une partie de la chute, il faut faire arriver l'eau au point le plus bas de la roue.

Des roues à aubes, où l'eau arrive d'une manière inclinée à l'axe et à la direction du mouvement.

L'équation des moulins à vent ne peut plus convenir aux roues à aubes, quand la direction de l'eau est inclinée par rapport à l'axe de la roue. Supposons (*fig.* 7) que la direction D*e* de l'eau soit perpendiculaire à la face *fg* de l'aube, et que la vitesse de la roue soit donnée suivant cette même direction De, l'impulsion de l'eau sur la roue sera V — v, et non V — v cos. α, comme le prétend M. Navier (Note v de l'Arch. hydr. de Belidor), en désignant par α l'angle DeK que fait la direction de l'eau avec le plan de la roue.

Si nous désignons par v la vitesse de la roue suivant sa circonférence comme à l'ordinaire, l'impulsion de l'eau sera V — v sec. α, et le nombre des molécules du fluide qui agissent pendant une seconde étant V, et la vitesse de la roue suivant la direction du fluide étant v sec. α, nous aurons l'équation :

$$P u = K S V (V - v \sec \alpha) v \sec \alpha.$$

S désignant la surface de section de l'eau, et K une constante à déterminer par l'expérience.

Cette équation donnera pour l'effet du *maximum*,

$$2 V \sec \alpha = V,$$

qui donnera lors du *maximum* d'effet la force utilisée,

$$kS \frac{V^3}{4},$$

la même que dans les autres cas des roues à aubes.

Des roues horizontales à aubes courbes.

L'on attribue, d'après la théorie, à ces sortes de roues, les effets surprenans que l'expérience est bien loin d'avoir confirmés jusqu'ici ; du moins de la manière que l'on a prescrit de faire agir l'eau pour rendre son effet le plus avantageux possible. Borda les croit susceptibles de transmettre les trois quarts de la puissance de l'eau, sinon, les quatre cinquièmes de la force; et pour cela, il se borne à exiger que l'eau entre dans la roue par-dessus et tangentiellement à la face courbe de l'aube, et que de plus l'aube courbe ait à son autre extrémité D (*fig.* 8) une tangente horizontale, de manière que l'eau en sorte suivant une inclinaison horizontale.

Cette forme de roue ne diffère pas beaucoup de celle dont M. Navier donne la théorie (note *e a* de l'Arch. hydr. de Belidor), quoique l'eau arrive perpendiculairement à l'aube. Il y dit qu'il serait bon de courber, dans le bas, la surface de la palette, afin de profiter de l'action du poids de l'eau avant qu'elle tombe sous la roue, mais qu'il n'était pas à présumer que cette roue obtînt un effet plus avantageux que les roues verticales placées dans un coursier.

Supposons (*fig.* 9) un bras de levier C B, portant à son extrémité B un boulet ou poids P, quand, de la situation C B, ce bras de levier sera arrivé à celle C B, l'action dépensée sera égale au poids P multiplié par la hauteur dont le boulet sera descendu, pour arriver d'une position à l'autre.

Mais supposons que sur un arbre vertical (*fig.* 10) nous placions un bras de levier horizontal, portant à son extrémité une palette courbe C D B, disposée de manière la plus avantageuse pour communi-

quer à l'arbre un mouvement horizontal. Conformément à cette supposition, faisons la tangente
de l'aube au point C verticale, et la tangente à
l'autre extrémité horizontale, et examinons comment le problème sera résolu : Le boulet P, placé
à l'origine du mouvement, n'éprouvera aucune
résistance de la partie verticale de l'aube, et ne
contribuera en rien pour faire tourner la roue ;
ainsi il conservera toute la vitesse acquise par la
pesanteur. Quand la partie de l'aube, sur laquelle
se trouve le boulet, sera inclinée à l'horizon, et
formera avec l'horizon un angle Def, la force
communiquée à cet instant par le boulet ne sera
tout au plus que dans le rapport ef à Df, ou dans
le rapport cos. $æ$ à sin. $æ$ ($æ$ désignant l'angle
Def); et le mouvement que lui communiquera la
pesanteur pendant qu'il parcourra un espace déterminé de l'aube, diminuera de plus en plus avec
l'inclinaison $æ$. Enfin, quand il sera parvenu à la
partie horizontale de l'aube, la pesanteur ne lui
communiquera plus de nouvelle force, et la vitesse
qu'il a acquise ne contribuera plus au mouvement
de rotation de la roue. On voit par là que le boulet, en parvenant de la partie verticale C de l'aube
à sa partie horizontale, ne transmet à la roue qu'une
partie de la force qui lui communique la gravité ;
ce que nous disons ici d'un boulet, nous pouvons
le dire de plusieurs boulets, et cela indépendamment de leur grosseur absolue ; et par conséquent,
en supposant ces boulets très-petits, l'hypothèse

ci-dessus deviendra identique avec celle de l'eau servant à faire mouvoir une roue horizontale à aubes courbes; ainsi ces roues sont bien loin d'avoir les avantages rapportés ci-dessus, et ceci est conforme avec les expériences; car, suivant M. Poncelet, les roues horizontales employées aux moulins de Metz, n'utilisent que le quinzième de la force motrice. A notre passage à Toulouse, M. Abadies (1) nous a assuré que les roues à aubes courbes, construites avec toutes les conditions exigées, étaient bien loin d'avoir les avantages qu'on leur prêtait par la théorie; et lui ayant demandé si elles utilisaient le tiers ou le quart de la puissance motrice, il nous a répondu qu'il ne le pensait pas.

Mais même ces roues ne sont pas théoriquement aussi avantageuses que les roues à aubes planes inclinées. Supposons que l'arbre soit vertical, et que l'eau arrive parallèlement à cet arbre, et que la vitesse de la roue étant v, l'angle CDf soit tel que l'on ait v tang. CDf égale la moitié de la vitesse de l'eau. La partie de l'aube qui aura pour tangente CD, sera celle qui aura l'inclinaison la plus convenable, tandis que les parties comprises entre CE, recevront l'eau trop vite pour produire le plus grand effet, et celles situées entre c et g recevront l'eau trop lentement pour le même

---

(1) **M.** Abadies est un ancien praticien très-ingénieux, à qui la ville de Toulouse doit la belle pompe hydraulique qui lui fournit l'eau avec une grande surabondance.

objet. Il serait facile d'avoir un résultat approximatif de l'effet produit par ces espèces de roues, en décomposant la surface de l'aile courbe en parties égales, par rapport au mouvement de la roue; mais ces calculs seraient plus curieux qu'utiles, et nous ne nous y arrêterons pas.

Roues verticales à aubes courbes.

Si l'on a une roue hydraulique verticale, et qu'au lieu de lui donner des aubes planes ordinaires, on lui fasse des aubes courbes telles que celles (*fig.* 2) où l'eau entre, à peu de chose près, tangentiellement à l'aube B G de la roue; il n'y aura pas de changement brusque lors de l'entrée de l'eau dans la roue; et l'excès de la vitesse de l'eau sur la vitesse de la roue, sera employé à faire glisser l'eau le long de l'aube, et à la faire élever à une hauteur sensiblement égale à celle due à la grandeur de cet excès; par conséquent, si le seuil E, ou ressaut du coursier, est tellement placé que le bord inférieur de l'aube y soit arrivé, précisément au moment où l'eau parvient à sa plus grande élévation; l'eau redescendra le long de la courbe, et communiquera à l'aube, par sa pression, une force égale à celle qu'elle conservait encore après sa première impulsion sur la roue.

Ainsi, les roues à aubes de cette espèce devront acquérir, théoriquement, une force double de celle des roues ordinaires à aubes planes; et la formule qui représente leur mouvement, sera la même que celle des autres roues à aubes verticales, il suffira seulement d'y doubler le coefficient constant.

Quant à la hauteur BG ou AG de l'aube, si la roue doit faire mouvoir une machine sans frottement, pour que la force utilisée par le récepteur soit un *maximum*, il faudra que la vitesse de la roue soit égale à la moitié de la vitesse du courant ; et par conséquent, pour utiliser la plus grande quantité de force motrice, il faudra faire la hauteur BG, suivant la verticale, égale au quart de la chute totale de l'eau motrice.

Mais si la machine éprouvait un frottement assez sensible, pour avoir le *maximum* d'effet utilisé par le travail, il faudrait que la vitesse de la roue fût inférieure à la moitié de la vitesse du courant, et prendre la hauteur BG plus grande que le quart de la chute totale de l'eau motrice, ou égale à la hauteur due à la différence de vitesse entre la roue et l'eau motrice.

Nous croyons que l'arête du ressaut doit être située sur la verticale passant par l'axe de la roue, pour que l'eau ne soit pas retenue quand elle est parvenue au-delà de l'axe, et qu'elle ne fasse pas contrepoids, pour ralentir le mouvement. La partie EF du coursier doit être circulaire, et n'embrasser guère que deux aubes.

Les expériences en petit et en grand, faites par M. Poncelet, capitaine du génie, et inventeur de ce système, prouvent que ces roues utilisent environ cinquante pour cent de la force motrice, en prenant pour la hauteur de la chute la différence de niveau entre la surface de l'eau et le point inférieur de la roue ; et soixante pour cent, en prenant pour la hauteur de la chute de l'eau, la différence de niveau entre la surface de l'eau et le centre du pertuis. D'après les expériences de Sméaton, les roues à aubes n'utilisant que quarante pour cent de la force motrice, on aura par les roues à aubes courbes un avantage de moitié en sus. Cela ne justifie que trop leur adoption.

Nous remarquerons encore, que lorsque l'on voudra faire mouvoir ces roues avec une grande force, et que l'on donnera une grande ouverture de vanne, l'eau motrice ne rencontrera pas partout, pour exercer son action, une disposition aussi favorable que quand elle sera en petite quantité, et que par conséquent les roues à aubes courbes n'auront pas alors un aussi grand avantage sur les roues à aubes ordinaires.

Des roues verticales à aubes planes inclinées.

Au lieu de diriger les aubes suivant le prolongement des rayons, plusieurs praticiens, et notamment Deparcieux, avaient déjà reconnu qu'il était plus avantageux de les incliner au rayon ; et quoique Bossut n'ait pas aperçu, comme M. Poncelet, que la force, restante à l'eau après avoir agi par le choc, la faisait monter le long de l'aube jusqu'à un certain point; et que parvenue à ce point, elle communiquait à cette aube, en descendant, une grande partie de la force qui l'avait fait monter; il a pourtant entrevu (hydrodynamique) que l'avantage des ailes inclinées pouvait provenir de ce qu'une partie de l'eau, en s'élevant le long de l'aube, y demeurait quelque temps suspendue et la pressait par son poids. Mais une remarque très-importante, due à cet observateur, et dont l'on sentira la justesse lors de la théorie des roues à pots, c'est que l'avantage de l'inclinaison la plus avantageuse des ailes, se fera d'autant mieux sentir (toutes choses égales d'ailleurs) que la roue tournera plus lentement. Dans les roues posées sur des courans qui ont peu de pente, et dans lesquels l'eau a la liberté de s'échapper aisément après le choc, il convient de diriger les ailes au centre. Au contraire, sur les coursiers qui ont beaucoup de pente, les ailes doivent être inclinées d'une certaine quantité au rayon, tant pour être frappées plus perpendiculairement, que pour recevoir une augmentation de force de la part du poids de l'eau; dans ce cas, Bossut a trouvé que l'obliquité la plus avantageuse était de quinze degrés.

Il est véritablement à regretter que, dans le même coursier, on n'ait pas essayé de comparer une roue à aubes planes inclinées, avec une roue à aubes courbes, on saurait bien au juste à quoi s'en tenir sur la supériorité de ces dernières.

Dans un courant indéfini, la roue ne doit plonger dans l'eau que du quart, ou tout au plus du tiers de son rayon. Quant à l'inclinaison des aubes, l'angle le plus avantageux qu'elles puissent faire avec le rayon mené à leur extrémité inférieure, diminue à mesure que la roue plonge dans l'eau sur une plus grande hauteur. Il est d'environ trente degrés, quand la roue plonge du quart ou du cinquième de rayon; et d'environ quinze degrés, quand elle plonge de la moitié de ce rayon.

Il faut observer que la vanne, dans le cas des roues à coursier, doit être inclinée, pour que l'ouverture de la vanne se rapproche le plus possible de la roue hydraulique, et pour que l'eau, en se rendant de l'ouverture de la vanne à la roue hydraulique, éprouve la moindre perte possible de vitesse et de force. De plus, contre l'usage ordinaire, il n'est pas nécessaire d'incliner au dixième la base du coursier qui conduit l'eau qui s'échappe de la roue hydraulique après son action. On peut faire cette inclinaison beaucoup moindre, en observant pourtant d'élargir, autant que possible, le sol de ce coursier.

Dans toutes les espèces de roues, l'on gagne beaucoup, pour la régularité des mouvemens, à les rendre lourdes, pourvu que l'on ait l'attention de répartir les différentes masses pesantes, le plus loin possible de l'axe du mouvement; et l'on ne peut qu'approuver l'introduction des roues en fonte de fer, pourvu que l'on se conforme, autant que possible, à la remarque précédente.

Pour faciliter l'évaluation de l'économie de force que l'on peut faire, en proportionnant, conformément à la théorie, la vitesse du fluide et la vitesse de la roue, nous avons construit le petit tableau suivant, où V est constant et représenté par 20.

v.	$V(V-v)$.	$v(V-v)$.	$V(V-v)v$.	PERTE de chaque valeur particulière.
0	400	0	0	1,00
1	380	19	380	0,81
2	360	36	720	0,64
3	340	51	1020	0,49
4	320	64	1280	0,36
5	300	75	1500	0,25
6	280	84	1680	0,16
7	260	91	1820	0,09
8	240	96	1920	0,04
9	220	99	1980	0,01
10	200	100	2000	0,000
11	180	99	1980	0,01
12	160	96	1920	0,04
13	140	91	1820	0,09
14	120	84	1680	0,16
15	100	75	1500	0,25
16	80	64	1280	0,36
17	60	51	1020	0,49
18	40	36	720	0,64
19	20	19	380	0,81
20	0	0	0	1,00

La cinquième colonne exprime le rapport de la

perte de force de chaque cas particulier, à celui du *maximum* d'effet.

Ce tableau nous montre que près du *maximum* la perte de force est peu sensible, mais aussi il fait voir avec quelle rapidité la force décroît, à mesure que les rapports des vitesses s'éloignent de celui du *maximum* d'effet.

Ainsi, pour un rapport plus faible ou plus fort d'un dixième, la perte de force n'est que d'un centième; pour un rapport excédant d'un cinquième, cette perte de force s'élève à quatre centièmes; et généralement les pertes de forces croissent comme les carrés de la différence du rapport de leurs vitesses, au rapport qui donne le *maximum* d'effet.

Dans ce tableau, nous n'avons pas compris l'effet du frottement, qui varie d'intensité dans les différentes machines; mais la formule que nous avons donnée précédemment, indiquera le rapport de vitesse avec lequel l'on doit gouverner la machine que l'on possède, ou que l'on est chargé de conduire.

Des roues à augets ou à pots.

Après avoir transmis le mouvement à une machine, par impulsion, c'est-à-dire, par le moyen d'une roue à aubes qui reçoit une partie de la force que possédait l'eau au moment où son action commençait à avoir lieu; on a tâché de transmettre à une machine, par le moyen d'une roue à pots, l'action que l'eau ne possède pas encore, mais qu'elle peut acquérir en tombant d'une certaine hauteur. Pour cela, on garnit la circonférence, de petites caisses qui doivent recevoir l'eau à une certaine hauteur, et descendre, après être remplies, jusqu'au bas de la roue, où elles se vident, pour remonter encore, et se recharger de nouveau. Ainsi la roue est entraînée par ses caisses ou ses augets remplis d'eau, comme elle le serait par une suite de poids suspendus à l'extrémité d'un certain nombre de rayons placés tous d'un même côté de la roue.

Bélidor pensait qu'une roue à augets présentait moins d'avantages qu'une roue à ailes, et Desaguliers croyait, au contraire, que l'effet de cette dernière pouvait être dix fois moindre qu'une roue à augets.

Deparcieux (*Mém. de l'Acad. des Sciences*) avance que la manière la plus avantageuse d'employer l'eau, lorsque l'on dispose d'une chute de quatre pieds au moins, est de se servir d'une roue à pots. Il démontre ensuite que l'effet d'une roue de ce genre est d'autant plus considérable, que son mouvement est plus lent. Albert Euler parvint aux mêmes conclusions que Deparcieux.

Supposons l'eau arrivant sans vitesse par-dessus une roue à augets, il est clair que plus la roue aura de vitesse, et plus l'eau devra parcourir une plus grande partie de l'espace avant que de pouvoir produire d'effet sur la roue ; et cet espace sera déterminé de manière à faire acquérir à l'eau, la même vitesse que la roue. Ainsi, plus la roue se mouvra lentement, et moins l'eau parcourra d'espace avant d'agir sur la roue, et plus la force utilisée sera grande par rapport à la force dépensée. En second lieu, plus la roue se mouvra lentement, et plus elle recevra une plus grande portion de la force de l'eau, parce qu'il y aura une moindre quantité de la force consommée inutilement par les frottemens. Enfin, outre ces deux raisons, le mouvement lent de la roue à augets a encore un avantage qui est essentiel ; c'est que la rapidité du mouvement communiquerait à l'eau une force centrifuge, qui l'empêcherait d'obéir entièrement à l'action de la pesanteur, et lui ferait perdre une grande partie de sa force. Quiconque a observé le mouvement d'un verre qui reste immobile contre un côté de cerceau que l'on fait tourner, s'apercevra que, pour produire cet effet, il n'est pas nécessaire d'une très-grande vitesse. Ainsi, l'on voit que pour produire le plus grand effet, il faut faire mouvoir la roue à augets très-lentement, mais non pas le plus lentement possible.

En prenant ce dernier parti, l'on s'exposerait à dépenser une plus grande quantité de force que lorsque l'on ferait marcher la machine avec une plus grande vitesse. Cette remarque confrontée avec le raisonnement que nous venons de faire, peut paraître un paradoxe; mais nous nous empressons de l'expliquer. Lorsque le mouvement est le plus lent possible, la moindre résistance accidentelle et supérieure à celle qu'il éprouve, suffit pour le détruire. Lors de ce petit instant d'arrêt, la petite quantité de force accumulée dans la machine, se dépense en pure perte et passe dans le réservoir commun de la terre; et lorsque l'eau accumulée sur la roue, est devenue assez considérable pour rétablir le mouvement, il faut qu'elle fournisse à la machine une nouvelle petite accumulation de force semblable à celle qu'elle possédait auparavant. De plus, pendant ce même petit instant d'arrêt, les surfaces frottantes des différens organes de la machine ont le temps d'obéir à la force de cohésion, qui est toujours plus considérable que celle du frottement; et lorsque la machine reprend son mouvement, il faut encore dépenser une plus grande quantité de force que celle nécessaire pour vaincre le frottement. Enfin, comme quelque bon que soit un ouvrier, il ne lui est donné que d'approcher plus ou moins de la perfection, et que d'ailleurs la machine s'use et vieillit à mesure qu'elle fonctionne, les surfaces frottantes et les parties pesantes de la machine n'ont jamais cette exactitude prescrite par la théorie, et par conséquent sont parsemées de certaines inégalités ou irrégularités plus ou moins profondes. Quand le mouvement est rapide, ces inégalités se font moins sentir, mais on les aperçoit très-visiblement quand le mouvement est très-lent ; on voit alors le mouvement se ralentir et s'accélérer à plusieurs reprises ; et si l'on continue le mouvement de la roue pendant plusieurs révolutions , l'on voit que ces accélérations et ces ralentissemens ont toujours lieu quand la roue se retrouve dans les mêmes positions.

Le peu de données que l'on possède sur la nature des corps , nous force d'avoir recours à quelques expériences pour déterminer quelle est la vitesse la plus avantageuse que puisse recevoir une roue à augets. Sméaton d'après ses expériences et ses observations , la croyait de trois pieds par seconde à la circonférence des augets sans égard à la grandeur de ces angets ; et il ajoute que les grandes roués peuvent , avant de perdre une portion de leur puissance , s'écarter davantage de cette règle , que les roues d'un petit diamètre. Une roue de 24 pieds , par exemple , peut se mouvoir avec une vitesse de six pieds par seconde , sans perdre une partie notable de sa force ; et , d'un autre côté , une roue de 33 pieds de haut , se mouvra régulièrement avec une vitesse de deux pieds par seconde.

Avec une roue de trois pieds de diamètre, Bossut a trouvé que le maximum d'effet avait lieu lorsque la vitesse à la circonférence était de 1,368 pieds. Si dans les expériences de Sméaton on mesure la force dépensée par rapport à la grandeur de la roue , et non par rapport à la chute totale, la force utilisée sera les quatre cinquièmes de la force dépensée. Tandis qu'autrement, elle ne serait que les deux tiers. Ce qui doit décider en faveur du premier mode, c'est le peu de variation de la force utilisée à la force dépensée ; tandis que dans le second mode, les variations deviennent très-sensibles. D'ailleurs, l'avantage des roues à augets sur les roues à aubes, doit engager de faire agir autant que possible l'eau par pression, et non par impulsion ; car de la partie de la force qui agit par impulsion, il n'y en a que les deux cinquièmes d'utilisées ; tandis que de celle qui agit par pression, il y en a les quatre cinquièmes. Ainsi il faut que l'eau en arrivant dans les augets, n'ait tout au plus que la vitesse de la roue, si elle a une plus grande vitesse que la roue, la roue agira par impulsion et ne communiquera tout au plus que les deux cinquièmes de la force primitive, en supposant qu'elle agisse de la manière la plus avantageuse ; et nous ne craignons pas de cette manière d'être en contradiction sur ce point avec Bossut, Borda et plusieurs autres.

Ainsi, nous ne partageons pas l'avis de ceux qui veulent que l'eau arrive sur la roue à augets avec une vitesse double de celle avec laquelle la roue se meut habituellement ; nous pensons que, de cette force acquise par l'eau avant son action sur la roue, la moitié au moins est dépensée inutilement, quand même la disposition des augets fût dans la situation la plus favorable pour recevoir cette action.

Il faut faire attention de disposer les caisses, à l'entour de la roue, de manière que, lorsque la caisse est arrivée au point le plus bas, et que ce fonds se trouve sur la verticale qui passe par le centre de la roue, l'eau se répande entièrement, que, lorsque cette caisse a dépassé cette verticale, il n'en reste aucune partion, de manière à former contre-poids et à diminuer la pression de l'eau qui agit pour opérer le mouvement. Pour remplir cette condition, il faut que lorsque (*fig.* 14) le fond de la caisse *bc* se confond avec le prolongement de la verticale que la droite *ab* qui forme un des côtés de la caisse, fasse un angle *abc* égal à un angle droit, mais il ne faut pas que cet angle soit beaucoup plus grand qu'un angle droit, pour que l'eau ne se répande pas entièrement avant d'arriver à cette position. Il faut encore disposer le petit coursier qui sert à conduire l'eau dans la roue, au-dessus d'une partie de cette roue, de manière que l'eau ne commence à entrer et remplir l'auget *a e f* que lorsque l'auget *g b i*, qui n'est pas encore arrivé, mais qui va suivre, a son fond situé sur la verticale passant par le centre *cd* de la roue; de cette manière, aucune portion de l'eau ne se trouvera en arrière de la roue, pour former contre-poids.

Des roues de côté.

Dans ces derniers temps, l'on a voulu construire des roues où l'eau n'arrivait ni au-dessus de la rouc, ni au-dessous, mais dans une position intermédiaire, de manière que l'eau agissait en partie par impulsion, et en partie par son poids ; nous avons déjà vu ci-dessus que cette espèce de roue n'est pas conforme à la théorie , que cet être mixte est bien loin d'avoir les avantages de l'un et de l'autre système , surtout depuis l'introduction des roues à aubes courbes ; et si la variation du niveau de l'eau dans le bassin ou la petitesse de la hauteur de ce niveau de l'eau au-dessus du sol, empêche d'employer une roue à pots , il faut se borner à construire une roue à aubes.

Des roues à réaction.

Dans les roues à réaction (*fig.* 13) , l'eau arrive sans vitesse dans une cuvette , de manière à la maintenir constamment pleine , cette cuvette repose sur un arbre vertical creux ; de la partie inférieure de l'arbre sortent perpendiculairement plusieurs tuyaux recourbés C, D, E, F, qui commnniquent avec la cuvette, par le moyen du canal ménagé dans l'arbre. La pression de l'eau qui agit avec toute la hauteur H de son niveau dans la cuvette au-dessous du plan des orifices, C, D, E, F, force l'eau à s'échapper par ces orifices ; comme l'eau s'échappe tangentiellement à la circonférence C, D, E, F, sa réaction fait nonseulement tourner la roue , mais produit encore une force assez grande pour que l'arbre puisse servir de moteur. Les roues de cette espèce sont soumises aux mêmes équations que les roues à aubes ; seulement il faut prendre, pour la vitesse de l'eau, la vitesse due à la hauteur H, et pour ouverture de la vanne, la surface des orifices C, D, E, F. Le robinet A, G, doit être placé le plus près possible des tuyaux d'échappement C, D, E, F, pour que l'eau ne s'échappe pas inutilement avant que la colonne ne soit remplie et ne fasse tourner la roue.

Ier TABLEAU.

Observations de M. Marestier.

DÉSIGNATION DES BATEAUX.	MACHINE A VALEUR.			FORCE de la roue hydraulique.	FORCE de la machine à vapeur.	RAPPORTS.
	Colonne de mercure	Diamètre du piston.	Vitesse du piston.			
Washington	0,95	0,711	0,81	2,2894	5,8303	2,5466
Fulton	1,10	0,914	0,75	2,6139	7,3445	2,8097
Olive-Branche	0,95	0,914	0,75	3,2083	6,9397	2,1630
Connecticut	1,35	1,016	0,78	2,3646	11,5800	4,8972
Le Chancellor Livington.	0,95	1,016	0,86	3,9895	8,9870	2,2527
Le Delaware	1,30	0,812	0,80	3,6530	8,9992	2,4635
Virginia	1,10	0,889	0,74	4,6447	6,8553	1,4790
United States	1,15	1,016	0,78	3,4942	9,7107	2,7793
Maryland.	1,05	1,016	0,80	4,7383	9,1178	1,9242
Savannah.	0,90	1,035	0,81	2,6024	8,3218	6,0314

2ᵉ TA

NOMS DES BATEAUX.	Diamètre des roues.	AUBES.		Nombre des tours de roues par minute.	Vitesse du centre d'action
		Longueur.	Largeur.		
Washington.	4,50	1,35	0,45	2,000	4,197
Fulton	4,70	1,50	0,70	18,50	3,914
Olive-Branche.	5,00	1,45	0,75	18,50	4,160
Connecticut	5,20	1,45	0,75	17,00	3,998
Le Chancellor Livington..	5,50	1,45	0,90	17,00	4,147
Le Delaware	5,50	1,75	0,75	17,50	4,349
Virginia.	5,40	1,75	0,75	18,25	4,483
Vuited States.	5,50	2,00	0,75	16,50	4,137
Maryland.	6,00	1,75	0,65	17,00	4,786
Savannah	4,90	1,42	0,83	16,00	3,535

BLEAU.

Vitesse du bateau.	Rapports des vitesses.	BATEAU.		$2S(r-1)r$	Rapports de ces derniers nombres avec la surface immergée.	Dates de la construction du bateau.
		Largeur.	Tirant d'eau.			
2,57	1,6571	6,40	1,73	2,6453	4,185	
2,80	1,3979	8,84	1,90	2,3359	7,190	1813
3,00	1,3865	8,84	1,37	2,3311	5,195	1816
3,15	1,2694	10,06	2,08	1,4875	14,070	1816
2,90	1,4299	10,06	1,83	3,2089	5,7373	1816
3,50	1,2539	6,10	1,37	1,6714	5,0000	
3,30	1,3588	7,56	1,52	2,5596	4,4894	
3,30	1,2536	7,10	1,52	1,8813	5,7364	1818
3,60	1,3294	7,925	1,52	1,9924	6,0460	1818
2,60	1,3595	7,92	4,27	2,3036	14,681	1818

TABLE

DES MATIÈRES.

Préface . . . . *Page* v

De l'écoulement de l'eau par des orifices 1

Table des hauteurs correspondantes à différentes vitesses, les unes et les autres étant exprimées en mètres. . . . 9

De la vitesse de l'eau 10

De l'air 16

De l'impulsion d'un fluide contre une surface immobile. 17

Examen succinct de la nature des différens fluides . . . 21

Raisonnement vicieux pour démontrer la loi de la résistance des fluides. 24

De la résistance du sable contre une surface immobile. . *ibid.*

De la résistance d'un liquide ou d'un fluide aériforme contre une surface. 25

De la mesure de la résistance d'un liquide contre une surface plane 26

Remarque sur la mesure de la résistance d'un liquide contre une surface plane 29

De la résistance des fluides élastiques 38

De l'influence de la grandeur des surfaces sur la résistance des fluides élastiques 41

Remarques sur les phénomènes qui ont lieu lorsqu'une surface et un fluide se rencontrent dans leurs mouvemens 42

Expériences faites avec des surfaces mobiles contre de l'air immobile 45

Application de la théorie à ces expériences 46

De l'impulsion d'un fluide contre une surface plane inclinée 48

De l'impulsion d'un fluide contre une surface courbe ou contre un bateau 51

De la résistance d'une surface mobile dans un canal étroit. 54

Des rues hydrauliques....................*Page* 56

Roues à aubes....................................... 57

Historique des roues à aubes....................... 60

Du vaisseau poussé par le vent..................... 63

De la vitesse du *maximum* d'effet................. 66

De la vitesse du *maximum* d'effet, lors de l'existence du frottement.. 67

Des roues hydrauliques à aubes..................... 72

Conséquences et règles déduites de la formule des roues hydrauliques à aubes................................ 79

Théorie des roues à aubes, en ayant égard au frottement. 83

Des bateaux à vapeur mus par l'intermédiaire des roues hydrauliques à aubes............................... 86

Théorie des bateaux à vapeur....................... 90

De la manière de connaître la surface plane qui représente la résistance que la proue oppose au mouvement... 93

De l'économie de force motrice que peut occasioner un changement dans la grandeur des aubes, et détermination de la grandeur la plus convenable.......... 94

De la comparaison de notre théorie avec l'expérience... 97

Comparaison de la force qui anime la roue hydraulique, avec celle de la machine à vapeur............... 99

Du mouvement du bateau à vapeur dans un courant... 101

De la manière de connaître la résistance que présente la proue lorsqu'il y a un courant................. 102

Des moulins à vent................................ 103

Du vent considéré comme force motrice............. 104

De la force nécessaire à une roue de moulin à vent pour sortir de l'état du repos....................... 106

De l'inclinaison des ailes lors du mouvement........ 108

Accord de la théorie avec les expériences de Sméaton. 111

Tableau faisant connaître les accroissemens de la vitesse de la roue par rapport à celle du fluide, le poids à soulever restant constant, et les frottemens étant supposés nuls.. 116

Tableau faisant connaître les accroissemens de la vitesse du fluide par rapport à la vitesse de la roue, le poids à soulever restant constant, et le frottement étant supposé nul . . . . *Page* 117

De la manière dont l'on doit incliner les élémens transversaux des ailes 118

Tableau faisant connaître la manière dont on peut faire varier les inclinaisons des élémens transversaux des ailes 122

De la manière de calculer l'effort fait par des ailes à angle d'inclinaison constant. 124

Du centre d'action des ailes ayant la forme d'un triangle, dont le sommet se trouve sur l'axe de rotation . . . *ibid.*

Du centre d'action des ailes terminées latéralement par des droites parallèles à un plan perpendiculaire à leur axe de rotation 126

Des centres d'action des ailes de même largeur et ne commençant qu'à une certaine distance de l'axe. . . . 127

Des centres d'action des ailes triangulaires semblables et ne commençant qu'à une certaine distance de l'axe. 128

De l'inclinaison module qui donne le plus grand effet. . 130

Comparaison de la force utilisée à la force dépensée, dans les expériences de Sméaton, ou de l'accord de la théorie et de l'expérience 132

Inclinaison de l'arbre. 133

Des roues à aubes, dont l'arbre fait avec l'horizon un angle quelconque 134

Des roues à aubes, où l'eau arrive d'une manière inclinée à l'axe et à la direction du mouvement . . . . . . *ibid.*

Des roues horizontales à aubes courbes 135

Roues verticales à aubes courbes. 139

Des roues verticales à aubes planes inclinées 141

Des roues à augets ou à pots 145

Des roues de côté 151

FIN DE LA TABLE.

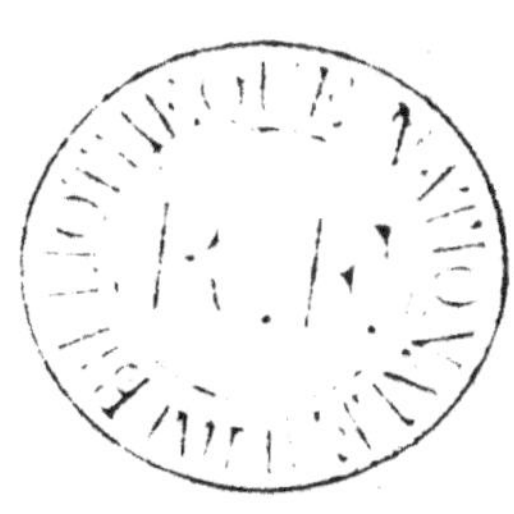

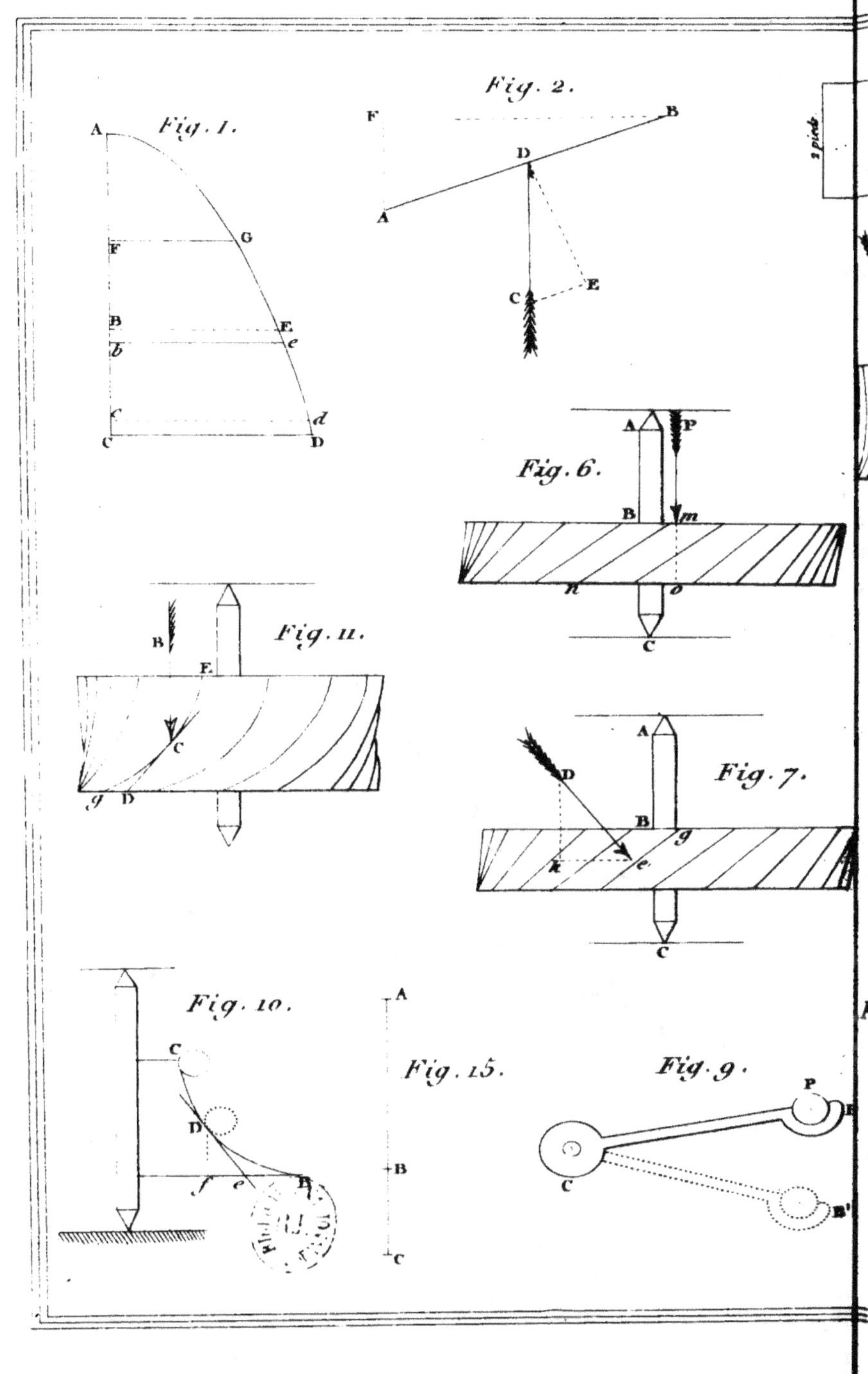

Fig. 1.
Fig. 2.
Fig. 6.
Fig. 7.
Fig. 11.
Fig. 10.
Fig. 15.
Fig. 9.

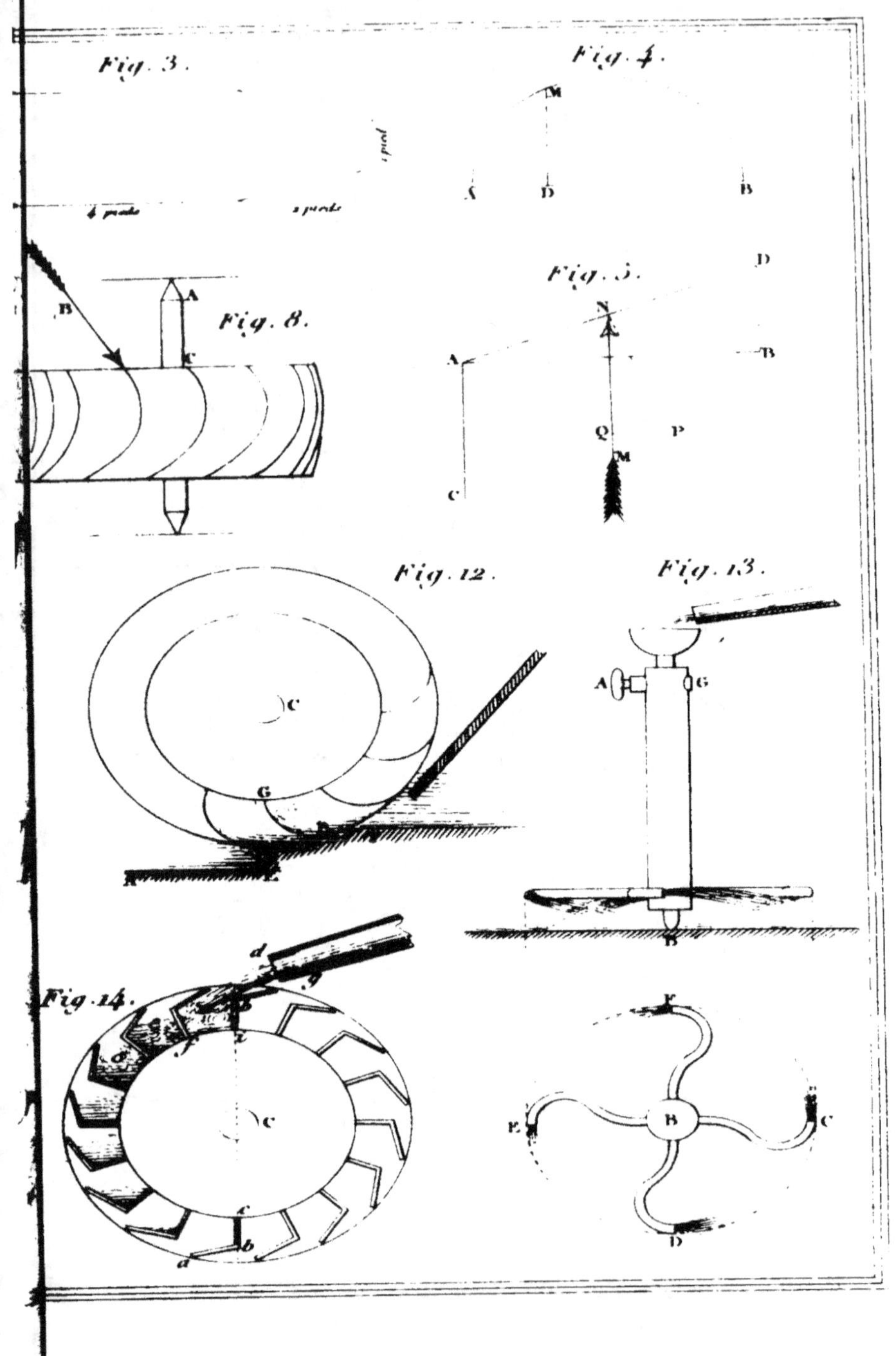

Fig. 3.
Fig. 4.
Fig. 8.
Fig. 5.
Fig. 12.
Fig. 13.
Fig. 14.

9 782329 809960